◎ 国家优秀教学团队教学成果
◎ 北京市属市管高等学校人才强教计划资助项目PHR（IHLB）

多媒体界面设计

Multimedia Interface Design

严晨 柴纯钢 徐娜 编著

电子工业出版社

Publishing House of Electronics Industry

北京·BEIJING

内 容 简 介

本书力图从视觉设计的角度出发，结合多媒体界面开发的流程和特点，介绍多媒体界面设计的基本方法和基本规律，并从多媒体界面设计的文字、图形图像、工具、动态元素等角度进行了具体的探讨。本书还着力在交互性界面设计进行了深入的探索，有利于初学者更好地把握界面设计中的一些生动的要素。

本书可以作为高等学校相关专业的教材，也可以作为多媒体界面设计人员的参考书。

图书在版编目(CIP)数据

多媒体界面设计 / 严晨等编著. —北京：电子工业出版社，2011.9

ISBN 978-7-121-13769-3

Ⅰ. ① 多… Ⅱ. ① 严… Ⅲ. ①多媒体技术－应用－视觉形象－实用美术－设计－高等学校－教材

Ⅳ. ① J504-39

中国版本图书馆 CIP 数据核字（2011）第 106183 号

策划编辑：章海涛

责任编辑：章海涛　　　　特约编辑：王　纲

印　　刷：中国电影出版社印刷厂

装　　订：

出版发行：电子工业出版社

　　　　　北京市海淀区万寿路 173 信箱　邮编　100036

开　　本：787×1092　1/16　　印张：14.25　　字数：280 千字

印　　次：2011 年 9 月第 1 次印刷

定　　价：55.00 元（含光盘 1 张）

前 言

我们从哪里来？我们是谁？我们往哪里去？

1897 年，著名的印象派大师保罗·高更绘制了他的代表作《我们从哪里来？我们是谁？我们往哪里去？》。这是一幅充满哲理性的大型油画。由于此时高更贫病交加又丧爱女，于是他决定在自杀前绘制一幅绝命之作。正如他自己所说："希望能在临死之前完成一幅巨作。"在这幅画中的婴儿意指人类诞生，中间摘果人物是亚当采摘智慧果来寓意人类生存发展，尔后是老人形象寓意死亡。整幅作品意示了人类从生到死的命运，画出人生三部曲，更表达出了画家对于人生的感悟与反思（见图 1）。

《我们从哪里来？我们是谁？我们往哪里去？》

图 1

作为与绘画艺术工作者最接近的设计艺术工作者，在生活中我们也会常常反问自己：我们从哪里来？我们是谁？我们往哪里去？诚然，设计从理解开始，最终还将回归到理解。一名设计师成功与否，从某个层面上来讲，要看他对所从事设计工作理解的深度。德国著名的设计大师冈特·兰勃曾为图形设计师作如下定义：图形设计师是这样的一些职业工作者，他们通过一种形态的变化将某种社会事物浓缩成一种视觉的符号、标记和代码，而使之成为一种具有政治、经济、宗教或文化运动价值的东西，并以此来表现任何主体。看过冈特·兰勃的话，对于图形设计，我们也许会产生新的反思。那么，数字媒体设计师又是谁呢？

从事数字媒体艺术设计已近二十年，在设计工作之余也一直在思考一个问题：数字媒体艺术设计究竟是什么？我们这些从事数字媒体艺术设计工作的设计师是谁？数字媒体艺术设计事业路在何方？我想这是值得每位数字媒体设计与出版行业的工作者深思的。只有明确了我们的位置，才可能拥有奋斗的目标和方向。当然，这一系列问题是一个说来话长的话题，在这里仅对数字媒体艺术设计师必须熟练掌握的"视听语言"做一些探索与梳理。

在数字媒体艺术设计过程中，设计师对"视听语言"的掌控水平直接影响设计作品。这里所说的"视听语言"是引用了影视艺术中的名词。既然称为"语言"，必然要有相应的"语法"。当然数字媒体艺术设计中的"视听语言"不仅仅局限于影视中我们所熟知的诸如对各种镜头调度的方法和对各种音乐运用的技巧等。笔者认为，数字媒体艺术的"视听语言"法则应由三层内涵组成：

1 平面设计的视觉语法

如同绘画艺术对平面设计有着深刻的影响，数字媒体艺术设计与平面设计也一样密不可分。生活中我们所见到的物像或静或动。如果从物理学的角度来讲，运动是绝对的，静止是相对的。可是从视觉成像的角度来讲，世界是由静止的片断组成的。平面设计中的视觉语法在数字媒体艺术设计的众多领域都有广泛的应用。例如，多媒体电子出版物中的界面、网络出版物中的页面都会应用到平面设计原则。应该讲，如同素描是西洋画的基础一样，平面设计也是数字媒体艺术设计的重要基础之一。一名数字媒体艺术设计师应该熟练掌握平面设计中的视觉语法，灵活处理界面或页面中的各种视觉元素，以期达到协调的艺术效果。

2 影视设计中的视听语法

与平面设计不同的是，数字媒体艺术的设计空间不仅仅局限于视觉领域，还可以与影视设计一样延伸到听觉领域中，从而达到真正的视听一体化。实验表明，人所接受的信息中 60% 来源于视觉，25% 来源于听觉，10% 来源于触觉，5% 来源于嗅觉和味觉。可见，掌控视听语法，对于任何一门艺术设计都具有决定性的意义。从目前国内外优秀的数字媒体艺术作品中我们可以看到，现在以及未来的数字媒体艺术设计师的设计领域将绝不仅仅局限于视觉领域中，那种不能够掌握更多媒体设计方法的设计师终将被时代所淘汰。

3 数字媒体设计中视听交互语法

数字媒体设计优越于其他传媒形式的重要一点莫过于交互。交互包括交互识别、交互操作以及交互响应三个递进层次，同时这三个层次又要以交互心理作为依据来进行设计，即：首先根据交互心理使我们所设计出来的交互符号能够在最短的时间里被受众准确把握、认识，进而实施相应的交互操作，最终以视听一体的表现形式将交互结果呈现出来。因此，在数字媒体设计的视听交互语法中更多的是需要对受众瞬间的交互心理进行深入的研究与准确的把握。这种研究"对象"（受众看到数字媒体设计作品瞬间的心理感受和反映）常常是变化的、不确定的，甚至是偶然的。

《多媒体界面设计》是我们（国家级优秀教学团队"多媒体艺术教育教学团队"）在十几年一线多媒体艺术教育实践的基础上，团队全体教师经管反复研讨、共同编写的一部注重实用性的教材。通过本书，我们希望能够为读者建立系统的多媒体界面设计观念，即多媒体界面设计是一个涉及多个学科交叉的设计领域，而视觉设计只是其中一个非常重要的环节，就如我们在做建筑设计时不得不考虑力结构一样，在界面设计的具体实践中，我们要需要考虑界面的信息、交互、动态、体验等因素。

本书由严晨、柴纯钢、徐娜编著，王倩倩、吕昕、陈红莹、钟小梅、池郁纯、崔红明、赖文华、丘庄辉、李佳、丁阳、孟贺松、胡旭东、张晶、杨光、刘康等人也参加了本书部分章节的编写工作。同时，以上所有人员（还有其他人员，未一一列举）收集了大量的界面资料，并制作了本书的配套光盘。在此对他们辛勤的工作表示衷心的感谢。由于作者自身水平有限，而数字媒体艺术专业本身又正在处于快速的发展过程中。教材中的不足之处在所难免，恳请设计同仁多多指正。让我们都贡献出自己的力量来共同推进数字媒体艺术专业的快速发展！

作 者

2011 年初夏于北京

目 录

第 1 章

认知界面

界面是每个多媒体作品的根本之基，是承载着交互执行的重要组成部分。什么是界面，界面被分为多少类，具有什么样的特征，在设计多媒体界面的同时要遵循哪些基本原则，这些都会在本章中详细讲述。

MULTI-MEDIA
DESIGN

1.1 从字符到多媒体

当今的社会正在经历着一场新的数字化革命，信息传达方式也正在发生着深刻的变化，一种划时代的数字化环境正在逐步形成。科学技术的创新，领域观念的变革，给人类文明史写下新的篇章。新技术呼唤的是借以传达新思想和新观念的新形式和新方法，并以此弘扬时代的科技人文之精神。

在人类精神文明物质文明发展的长河中，每项科学技术的创新，每个领域观念的变革，都为人类带来了长足的进步。正是这许许多多的冲击推进了人类历史的车轮。无论是拉斯科洞窟石壁上的绘画涂鸦，还是在泥板或兽骨上刻写各种象形文字，都实现了人类对信息的传递；公元 105 年，东汉的蔡伦首次造出了近乎今天意义上的纸；公元 1041 年，北宋的毕昇发明了活字印刷；公元 1450 年，德国的古登堡在西方第一次实现了铅字的活字浇铸；公元 1945 年，第一台数字计算机产生于美国宾夕法尼亚大学……随着各种科技手段的不断成熟以及计算机的普及，传统的电报、电话、电视、印刷品由于其传播信息形式的单一性，已经难以满足人们对信息的需求，人们渴望能出现一种新的、综合性的传播媒体，这就是数字化的多媒体。它的出现为信息时代带来了一个新的高潮。

在传统的媒体传播信息过程中，往往只能使用一种类型的媒体来传递我们的信息。媒体类型的客观局限限制了信息在传播过程中的速度和数量。同时，对于一些抽象的或不易表现的信息，我们还不得不想方设法将其转化，使其以某种易于被人们接受的信息形式出现。例如，属于听觉类的声音，由于其相对比较抽象，我们往往将其转化为可视的波形等。这样，在多媒体出现之前，为了更好地传递信息，人们在迅速适应种种不同类型媒体之间的转化。这种转化的过程不仅是烦琐而艰难的，同时在转化的过程中，信息的衰减也是无法避免的。

这种尴尬的局面一直延续到多媒体的出现才有所改观。在多媒体的世界里，我们所获得的信息是综合视、听甚至嗅、触摸等全方位的流动信息。

这套完整的"语言体系"中不仅有着优秀的文案和精致的图像，作为艺术设计与当代高科技紧密结合的产物，存在着一片崭新的可能性空间。随着计算机多媒体技术的迅猛发展，这种可能性空间已经日益清晰地呈现在人们的视野中。

多媒体，是当代电子计算机技术发展中出现的一种与艺术相关的一种信息革命成果，使人类通过计算机能够同诸如文本、声音、图像、图形、视频等多种信息媒体进行自由地交互。特别是人类已经进入信息时代的今天，一条全新的、立体化、全方位的信息高速路诞生了，这就是多媒体数字技术。应该说，此刻多媒体数字技术的产生和发展正体现出了现代技术应用发展的必然，它的的确确是一个时代的新生儿。

那么，什么是多媒体呢？多媒体也曾经被比喻成很多东西，如多媒体家庭影院、摇滚音乐会中闪烁的彩色聚光灯、让人乐此不疲的电子游戏以及复杂的新型交互式艺术。由于多媒体被使用过度和技术的高速发展，已经开始产生副作用：人们在越来越多的接触它的同时，也开始感到一种困惑，多媒体究竟是什么？

"多媒体"一词原引自视听工业，是英文"multimedia"的译文，而"multimedia"是由词根"multi"和"media"构成的复合词，直译为多媒体。其中，"multi"译为"多重的"、"复合的"，"media"译为"媒体"，其核心词是"媒体"。

事实上，"多媒体"常常是指信息表示媒体的多样化，常见的形式有文字、图形、图像、声音、动画、视频等多种形式，可以承载信息的程序、过程或活动也是媒体。因此，无论是计算机还是电视，或者其他信息手段都应是多媒体的工具。

从狭义角度来看，多媒体是指人类用计算机或类似设备交互处理多媒体信息的方法和手段（如 I/O、传输、存储、处理等）。

从广义角度来看，"多媒体"指的是一个领域，是指对信息处理有关的所有技术和方法（包括广播通信、家用电器、印刷出版等）进一步发展的领域。

目前的多媒体硬件和软件已经能将数据、声音和高清晰度的图像作为窗口软件中的对象做各式各样的处理。所出现的各种丰富多彩的多媒体应用，不仅使原有的计算机技术锦上添花，而且将复杂的事物变得简单，把抽象的东西变得具体。

1.2 多媒体界面设计的主要类型

自古以来，科学和艺术就是不可分割的，科学如果失去了艺术，必然会变得枯燥无味，而艺术如果失去了科学，则会失去生根发芽的土壤。多媒体也不例外，虽然多媒体作品有其无可比拟的技术优势，但是无法脱离与受众（人）的联系。人总是爱美的，因此，一部优秀的多媒体作品首先应体现在作品与受众直接接触的多媒体界面（也可称为人机界面）上，界面设计得是否恰当、美观将直接影响到受众对作品的最终印象以及整部多媒体作品的成败。

就目前而言，根据多媒体界面的实际应用情况，多媒体界面可分为教育类、商业类、娱乐类、电子通信类以及多媒体作品等。

1 教育类多媒体界面

多媒体交互设计学习课件

图 1-1

多媒体技术对教育产生的影响比其他领域的影响要深远得多。多媒体技术将改变传统的教学方式，使教材发生巨大的变化，使其不仅有文字、静态图像，还具有动态图像和语音等。这使得教育的表现形式变得更加多样化，同时易于实现远程教学，从而对于提高教学质量和普及教育都有着极大的指导意义。

利用多媒体计算机的文本、图形、视频、音频和其交互式的特点编制出来的计算机辅助教学软件（即课件，见图 1-1）可以非常形象直观地向学生讲述清楚过去很难描述的课程内容，能创造出生动逼真的教学环境。另一方面，从学生的角度来讲，通过课件，他们也可以更形象地去理解和掌握相应教学内容，同时可以通过多媒体进行自学、自考等。因此，多媒体技术的参与将使教学领域产生一场质的教学革命。

与此同时，各大单位、公司培训在职人员或新员工时，也可以通过多媒体进行教学培训、考核等，非常形象直观，同时可以解决师资不足的问题。

教育类多媒体界面的主要特征是严谨、规范，条理清晰。

② 商业类多媒体界面

很多公司或企业都有自己的好产品，为宣传自己的产品也投入了许多资金去做传统广告，如电视、报纸等。但是针对 80 后特别是 90 后这些从小就习惯于接触计算机的年轻人，传统的广告形式对他们的影响在迅速衰退，而以多媒体技术制作的产品或企业演示作品则为商家提供了一种全新的广告形式。商家通过多媒体演示作品可以将企业产品表现得淋漓尽致，受众则可通过多媒体演示作品随心所欲地观看广告，直观、经济、便捷，效果非常好，这种方式可用于多种行业，如房地产公司、计算机公司、汽车制造厂商等领域。

商业类多媒体界面的大多活泼、现代感强，较为时尚。图 1-2 是南京原力电脑动画制作有限公司的企业宣传多媒体演示作品，该作品生动诙谐、信息量大，图文声像各种媒体元素丰富多样，取得了很好的企业宣传效果。

多媒体演示作品界面
图 1-2

③ 娱乐类多媒体界面

由于多媒体技术能处理图、文、声、像，交互控制，因此最适合游戏领域的需求。娱乐业是计算机进入家庭的一个很重要的动力。多媒体计算机使电视、激光唱机、影碟机、游戏机于一身，逐渐成为一个现代的高档家用电器。目前，多媒体游戏正通过越来越逼真的虚拟现实场景使观众获得亲临现场之感。与此同时，通过多媒体的交互性特色，甚至可以制作双向电影，让电影的观看者进入角色，控制故事的不同结局，增加悬念和好奇感。

娱乐类多媒体界面设计往往需要根据多媒体作品的定位人群而进行个性化的设计，大多色彩鲜艳、造型独特，具有较强的吸引力，如图1-3所示。

娱乐类多媒体界面
图1-3

④ 电子通信类多媒体界面

多媒体技术在通信领域有着极为广泛的，如可视电话、视频会议等已逐步被采用，而信息点播和计算机协同工作系统将对人类的生活、学习和工作产生深刻的影响。受众可以通过本地计算机的多媒体信息系统，远距离点播所需信息，如电子图书馆、多媒体数据的检索与查询等。所点播的信息可以是各种数据类型，包括立体图像和感官信息。多媒体信息系统可以按信息的表现形式和信息的内容进行检索，根据受众的需要提供相应的服务。

电子通信类多媒体界面需要服务于广大的受众人群，由于受众的年龄、学历、兴趣不同，因此这类多媒体作品的界面设计往往需要减弱个性化，加强大众化，设计界面尽量简单明确，易于理解与操作，如图1-4所示。

北京印刷学院图书馆书目检索系统
图1-4

多媒体技术在通信领域的另一个重要的应用就是交互式电视。交互式电视与传统电视的不同之处在于受众在电视机前可对电视台节目库中的信息按需选取，即受众主动与电视进行交互式获取信息。交互电视主要由网络传输、视频服务器和电视机机顶盒构成。受众通过遥控器进行简单的点按操作就能对机顶盒进行控制。交互式电视还可以提供其他信息服务，如交互式教育、交互式游戏、数字多媒体图书、杂志、电视采购、电视电话等，从而将计算机网络与家庭生活、娱乐、商业导购等多项应用密切地结合在一起。

⑤ 出版类多媒体界面

CD-ROM、DVD-ROM 多媒体电子多媒体作品专指具有一定主体的应用型光盘产品，如大百科全书、词典、风光、古迹等具有某一专题内容的多媒体作品。由于其具有较大的存储空间，又可以配有声音解说、动画和图像，再加上超文本技术的应用，给出版业带来了巨大的影响。近年来出现的电子图书和电子报刊就是应用多媒体技术的产物。电子多媒体作品以电子信息为媒介进行信息存储和传播，是对以纸张为主要载体进行信息存储和传播的多媒体作品的一个挑战。它具有容量大、体积小、成本低、检索快、可

《格萨尔王》界面
图 1-5

交互、易于保存和复制、能存储音像图文信息等优点。

出版类多媒体界面由于其特殊的身份决定了其首先必须符合国家在规格、形式、内容等方面的各项出版设计要求，同时应根据多媒体作品内容的不同设计出不同的风格特色。图 1-5 为讲解唐卡制作过程的界面设计，设计师通过设计有效地创造出一种古朴、神秘、富于民族特色的艺术氛围。

多媒体界面的特征

⬜ 1 易操作性

多媒体作品是基于计算机技术为基本平台的，因此计算机提供给我们的一个强大的功能莫过于检索功能。因为让受众通过人工检索方式从上亿条资料中去检索到自己所需要的内容，无疑会成为一种难以忍受的痛苦。如果交给计算机来完成，则工作往往会变得轻松而愉快。因此，在一个优秀的多媒体作品能否为读者提供出一种轻松愉悦的检索途径成为这部多媒体作品是否获得成功的一个重要的问题（见图 1-6）。

多媒体作品《汉语乐园》界面

图 1-6

⬜ 2 艺术性

人们在吟诵王实甫《西厢记》的套曲"碧云天，黄花地，西风紧，北雁南飞。晓来谁染霜林醉，总是离人泪。"后，或许会掩卷沉思，或许会拍案叫绝，其原因就在于王实甫以描景的形式绝妙地渲染了情人离别时难舍难依的气氛，形象地表现了他们悲痛欲绝的心情。如果读它时不能体会到其中的内容，诗句的美就会大打折扣；同样，如果作者不是运用了情景交融、化景物为情思的表现形式，该诗句也一样不美。任何一个艺术作品都需要在艺术性方面下足功夫，多媒体作品也不例外，其艺术性将最终决定整个作品的品味定位。

3 时代性

需要、动机都是人心理行为的动力因素，谁能够了解、把握、满足受众的心理需求，谁就能获得受众的认可。小说写得好，但是为什么大多火不过根据小说拍摄的电影？同样的故事，不同的结果。这恐怕不能不引起我们的深思。答案很简单，电影在讲述故事的同时更好地把握、满足了观众的心理需求，得到了观众的认可。

为什么会这样呢？因为在人的心理过程中包括"知"、"情"、"意"三个组成部分。其中"知"是最容易被满足的。而文字是可以最准确来满足"知"的。可是"情"却不是都能通过文字来传达给所有读者的。原因很简单，文学作品是通过抽象的文字来传递情感，但是我们的受众由于知识背景、个人素养等各不相同，也许难以理解"行到水穷处，坐看云起时"的意境。如果我们通过一幅精美的画面或一段视频，再配上优美的音乐或解说，情感的传递便会自然而然地被唤发出来。多媒体作品的优势也正在于此，不需要我们增加更多的复制成本，就可以充分调动多种媒体，那么我们为什么不充分运用这一创作方式的特有优势呢？因此，多媒体作品应该跟上时代，将真正了解、把握、满足受众的心理需求放在工作的首位。

《中国昆曲》主界面
图 1-7

需要说明的是，多媒体作品的艺术性并不完全在于作品自身如何完美，更在于是否符合作品所讲述的内容。艺术性关键在于创作者能否找到恰当的艺术表现方法来表现相应的多媒体作品内容。以多媒体作品《中国昆曲》（见图 1-7）为例，从作品的设计中可以看到创作者的良苦用心。《中国昆曲》是中国传统文化特色之一，有其深刻的文化内涵和中国特色。但昆曲毕竟主要特指听觉领域，设计师在这里选用视觉领域同样具有特色的中国画艺术表现手法来加以艺术表现。用优美柔和的彩墨荷塘意境来表现南方的昆曲，在文化特色和艺术特征上使听觉与视觉取得了共鸣，在表现主要内容的同时，取得了极好的艺术性。

1.4

多媒体界面设计的基本原则

每位设计师都期望自己设计完成的多媒体作品界面能够做到整洁漂亮，其实要做到这一点并不难。那就是在设计中严格遵循界面设计中的简洁原则、统一原则、对比原则和分割原则四个基本原则。

下面结合一些实际界面设计案例具体分析。

---

1 简洁原则

现实生活与设计之间到底有多远？这两者间又有着怎样的一种关联与区别？
我们来看两张图。

图 1-8 | 图 1-9

图 1-8 是一张江南水乡的摄影作品，图 1-9 是我国著名绘画大师吴冠中先生的作品，其题材也是江南水乡。不难发现，艺术（含设计）并非是现实生活的原样照搬。艺术（含设计）绝不仅仅是简单地再现具体的物象和特征，要表达的是一定的意图和要求，在适当的环境里为人们所理解和接受。绘画是以带给人们美感为主要目标，设计与绘图有内在联系，但也不尽相同。设计以满足人们的实用和需求为主要目标。同时，设计要求能够给人们留下较为深刻的印象。从人的记忆能力角度来说，由于人的大脑一次最多可记忆五到七条信息，因而设计需要比绘画更单纯、清晰和精确。多媒体界面设计属于设计的一种，同样要求简练、准确。

某网站网页

图 1-10

保持简洁的常用做法是使用一个醒目的标题，这个标题常常采用图形来表示，但图形同样要求简洁。图 1-10 是一个商业多媒体网站的主页设计，设计师用该商业网站中所出售的各种商品拼出网站的名称"GIORDANO"，使人们在了解所售商品的同时也记住了网站的名称。

② 统一原则

多媒体作品由于作品构成的特点决定了作品必然要由多个界面组成，因此在多媒体界面设计中如何保证各界面之间的一致性成为一个至关重要的问题。

由图 1-11、1-12 不难发现，这部作品中的各界面应用了相似的布局，各界面中的主要元素与界面整体的色彩和风格保持了严格的一致性。界面均采用线条和图像有机结合的处理手法，各界面的主要字体和颜色保持一致并注意到了色彩搭配的和谐。

应该讲，界面的统一原则可以有效地统一整部作品的设计风格，使整个作品看起来变而不散。

图 1-11

图 1-12

某汽车网站页面

3 对比原则

无论是在多媒体界面设计中还是在网页设计中，使用对比原则都是强调突出某些内容的最有效的办法之一。恰到好处的对比度可以加强整个界面的形式感，使界面内容更易于辨认和接受。

如图 1-13 所示的设计作品通过上下两大色块在颜色上和色块形状上的对比来吸引受众。使用对比的关键是强调突出关键内容，鼓励他们在第一时间对作品的内容结构层次有一个明确的认识和理解。

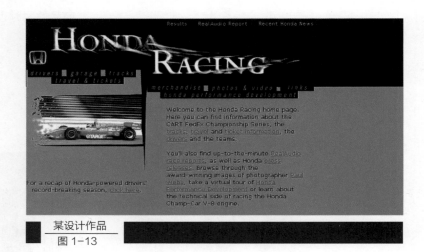

某设计作品
图 1-13

4 分割原则

人们对"黄金分割"的了解却往往停留在文字层面：将一条线段分割为两部分，使其中一部分与全长之比等于另一部分与这部分之比，此时这个比值即称为黄金分割。但是，当我们看到如图 1-14 所示的黄金分割的示意图的时候，不禁会对这条完美的数学曲线感到困惑。

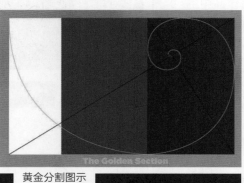

黄金分割图示
图 1-14

科学与艺术自古就是一枚硬币的两个方面，黄金分割就是一个典型的代表。科学家和艺术家普遍认为，黄金律是设计师需要遵循的首要原则。例如在建筑设计中，人们通常会在高塔的黄金分割点处建楼阁或设计平台，以便使平直单调的塔身变得丰富多彩；

同时会在摩天大楼的黄金分割处布置腰线或装饰物，以使整个楼群显得雄伟雅致。从古代雅典的巴特农神殿，到当今世界最高建筑之一的加拿大多伦多电视塔、举世闻名的法国巴黎埃菲尔铁塔，无不都是根据黄金分割的原则来建造的。在出版领域中，黄金分割的使用表现得更为普遍：按照正规裁法得到的纸张 8 开、16 开、32 开等，都采取了黄金分割的近似值。在实际的多媒体界面设计中，黄金分割倒底发挥着怎样的作用？下面就从黄金分割法则的布局（宏观全局）和比例（微观个体）两个不同的角度来发掘黄金分割法则那神奇的数字之美。

① 黄金分割法则的布局之美

清代画家方熏在其《山静居画论》卷中曾经这样形容画家的创作："一如作文，在立意布局新警乃佳，不然，缀辞徒工，不过陈言而已。"由此可见，布局在美学中的重要地位。布局，多指艺术作品画面中的各组成元素之间位置上的宏观摆放关系。由于黄金分割率 1:0.618 接近 3:2，因此在实际设计中可以按照"三分原则"来进行实际操作。具体来讲，就是将作品画面平均划分为横竖三等份。其中，线与线的相交处是画面的焦点，而每条分割线（垂直分割线或水平分割线）应该是画面中重要景物所接近的空间位置。图 1-15、图 1-16 是针对同一景观中景物的不同取景布局。我们会发现，图 1-16 的布局更为美观，仔细观察会发现：在垂直方向上，图 1-16 中左上方的树枝、右侧的整棵柳树以及在水平方向上的场景中湖水的水平面均处于布局中的"三分线"附近。至此，我们终于发现了在理性的数字与感性的艺术之间这座奇妙的连接桥梁，这就是黄金分割法则的巧妙应用。

图 1-15
图 1-16   黄金分割法则的布局

② 黄金分割法则的比例之美

　　美学中的比例多指一种事物在整体中所占的份额或同一事物各个不同部分之间大小关系。一旦我们应用黄金分割法则这种奇妙的比例法则来观察周围的世界，就会发现其应用领域非常之广：从生活中的门、窗、桌子、书本之类的物体，到生物界的蝴蝶、人体，无不包含着奇妙的比例之美。1:0.618 这一比例关系一经出现，一种和谐、平衡、舒适美感立刻就会被营造出来。下面以笔者设计的获得国家出版政府奖的多媒体电子多媒体作品《盛世钟韵》的界面（见图 1-17）为例来分析研究。

多媒体作品《盛世钟韵》界面黄金分割比例

图 1-17

一般将屏幕宽度和高度的比例称为长宽比（Aspect Ratio，也称为纵横比、屏幕比例）。从 19 世纪末期一直到 20 世纪 50 年代，几乎所有电影的画面比例都是标准的 1.33:1（这种比例通常简称为 4:3），即电影画面的宽度是高度的 1.33 倍。20 世纪 50 年代，为了便于将电影搬上电视屏幕，美国国家电视标准委员会（NTSC）最后决定采用学院标准作为电视的标准比例，这也就是 4:3 电视画面比例的由来。这一思路同样影响了 20 世纪 80 年代计算机屏幕比例设计标准的制定，直到今天，通常使用的屏幕尺寸为 1024×768 像素，这也符合 4:3 的比例。然而，随着时代的发展，人们在满足功能的要求之后，逐渐提出了更高的审美需求。人们开始不再满足 4:3 的比例，而逐步设计出如 16:9 这类更接近黄金分割值的屏幕比例。多媒体电子多媒体作品《盛世钟韵》界面的比例设计就是借鉴了黄金分割的比例，如图 1-17 所示，该多媒体作品界面中主体形象（如古钟、标题、翻卷的页面等）并未充斥整个屏幕高度，而是将其尽量集中压缩设计在高度为 633 像素的空间之中。这样的比例设计给读者一种视野范围更为宽阔，视野深度更为深邃的视觉感受，同时由于遵循了黄金分割比例使得整个界面看起来显得非常协调、美观，从而获得了艺术上的成功。

由此可见，无论大到艺术作品的全局经营布局（宏观全局）方面，还是小到全局中某一物件（微观个体）的细致塑造上，黄金分割法则都起着至关重要的作用和意义。黄金分割这一数学上的比例关系具备着严格的比例性、艺术性、和谐性，蕴藏着丰富的美学价值。它改变了美完全凭借艺术家灵感获得或类似"我的创作的美都是在头脑里完成的"这样片面地形容美感创作由来的观点，为科学与艺术的相互演变关系提供了有力的支撑佐证，为人类展示出神奇的数字之美。

综上所述，在多媒体界面的设计中，只要遵循简洁原则、统一原则、对比原则和分割原则这四大原则，设计出整洁漂亮的多媒体界面便不再是一件困难的事情了（见图 1-18）。

多媒体作品《盛世钟韵》的界面

图 1-18

第 2 章
启动思维

MULTI-MEDIA
DESIGN

如何开始界面设计？在设计界面的过程中，我们最终要传递来源于多个渠道的信息，这些信息可能扰乱我们的设计思路，让我们感觉无所适从。在多媒体界面设计过程中如何找准表达方向、直达设计目标是至关重要的，面对不同的界面设计任务，需要设计师找出共同的、本质的属性，需要形成一些基本的概念和处理设计问题的方式，在设计之前，让我们先启动思维！

用于信息沟通的界面
图 2-1

　　掌握多媒体界面设计的基本逻辑是我们开始动手制作一个界面前必须完成的功课。在本书的体系里，我们立足于"基于理解的界面设计"，即多媒体的界面一定是服务于内容的，更深入地说，多媒体界面一定是服务于设计目标的！如何才能找到目标？中医有一套完整的诊法——望、闻、问、切，古称"四诊"。四诊具有直观性和朴素性的特点，在感官所及的范围内直接获取信息，医生即刻进行分析综合，及时作出判断，界面设计亦然。信息是我们判断病症的依据，也是设计的前提，从本质上讲，多媒体界面设计的目的就是受众与多媒体作品的信息交流，如果不掌握信息、分析信息、传递信息，那么我们为什么需要界面呢？

2.1 信息的收集与整理

　　日本著名设计师佐藤可士和曾说到："好的设计，从'整理'开始！唯有整理自己与对方的想法，才能够掌握本质、面对课题、找出方法，最终产生感动人心的设计！"显然，佐藤可士和把信息的整理提到了设计的前提这一高度，几乎到了不进行整理就无法设计的地步，他的设计是从图形的愉悦感向正确性转变的一个过程，同时，揭露了一个残酷的事实：不能传达信息的图形是无意义的。

　　佐藤可士和的方法也反映了现代设计的一个特点，即强调理性和逻辑性，设计师不再盲目地凭感觉做事，特别是近几十年，人体工程学和可用性的深入研究事实为设计制定了一整套的可行规范。在这里，笔者不是要降低情感在设计中的地位，只是希望设计师在设计中能够兼顾情感与理性的表达，使界面设计合情合理（见图 2-2）。

界面设计兼顾情感与理性表达

图 2-2

　　在我们刚接到一个设计任务的时候，设计目标往往很模糊，我不赞成在未经信息整理便忙于打开 Photoshop 拼图的工作方式，这种方法是"碰"，或许能够碰对一两次，但不是每次都这么幸运。这样来做设计可能导致项目陷入反复修改的泥潭，最终身心疲惫、应付了事。专业的设计师应该用专业方法来解决这个问题。一般来说，开始设计的时候我们会了解项目的基本信息，如项目的主要内容、主要目标、项目周期之类的信息，在了解基础信息后，建议大家针对项目先提出下面这几个问题并试图找到答案：

1 问题一：为谁设计？

界面设计不是单纯的美术绘画，需要定位使用者、使用环境、使用方式并且为最终用户而设计。检验一个界面的标准即不是某个项目开发组领导的意见也不是项目成员投票的结果，而是最终用户的感受。所以界面设计要与用户研究紧密结合，是一个不断为最终用户设计满意的互动视觉效果的过程。

用户研究是界面设计流程中的第一步，是一种理解用户，将他们的目标、需求与设计目标相匹配的理想方法。用户研究是一个系统工程，深入的用户研究包括运用访谈、问卷测试和现场观察等方法，进行用户群确认与分类，再运用深度访谈、用户测试、焦点小组、启发式评估，建立用户模型，成为多媒体界面设计的依据。

用户研究的目标是建立受众模型，这里有一个重要的方法就是建立虚拟的人物角色。人物角色（Personas）是从 1999 年 Alan Cooper 的《The Inmates are Running the Asylum》开始普及的。这种方法采用针对性的人口统计学资料来代表不同类型的用户，考虑用户的目标、愿望和局限性，对于指导产品的决策（如产品的特征，交互作用，视觉设计）十分有用，是常用于以用户为中心来设计的一个环节，也是交互设计的一部分，已经被广泛应用于工业设计和在线营销中。目前，越来越多的设计师开始尝试使用这种方法来指导设计，考虑用户在哪里生活工作，这个地方怎么样，为什么会有影响等问题，同时对用户进行人口统计学概括，如年龄、性别、家庭规模、收入、职业、教育等方面。

在笔者参与的某个多媒体节目的设计过程中就碰到了用户研究不够导致项目反复修改的情况。该节目的主要受众是青少年，年龄大概为 9 至 12 岁。这只是一个大的分类概念，对具体指导界面的设计并不能起到什么具体作用，关键在于对这个年龄层次受众的理解。节目组利用春节假期分头进行用户调研，最后聚集到一起进行用户分析，建立卡片式的角色设定，见图 2-3 和图 2-4。做完这些工作后，节目组的设计人员才真正找到表达方向。

姓名：刘小明

年龄：9岁

性别：男

爱好：玩游戏 看书

教育：小学4年级

特征：充满好奇心，求知欲强烈，但是注意力容易分散；喜欢看日本动画片，喜欢玩游戏。

基本卡片式角色设定

图2-3

依据角色特征进行的界面设计

图2-4

[2] 问题二：客户对设计的期待是什么？

这里的客户并不是指最终用户，主要是指设计委托方或委托人。实际上，设计师的所有工作都是依赖于我们的客户——那些通过我们的设计创造价值的实际操作者，他们可以是内部的，也可以是外部的，但本质上都是设计师为其提供设计服务。

我们可能认为我们的设计已经天衣无缝，如果客户认为不好或者干脆全盘否定，那么我们可能感觉备受打击，为设计项目进行努力的意义就荡然无存了。是该埋怨客户还是开始检视自己的工作呢？更多的时候我们需要反思自己，我们为何不真正从客户关心的角度来实施我们的工作呢？

什么是客户关心的角度？理解这点需要按客户的方式思考问题，跳出设计表现的小天地。如果是为商业客户服务，那么，实现商业利益是客户最关心的问题。如果是为教育类的客户服务，那么，高效传达知识内容可能是客户最关心的问题。你可能会听到客户说"光点再亮一些"、"字体再大一些"之类的意见，我们如何思考这些意见背后的核心意图？这就需要设计师去了解客户的关注点，从而帮助客户找到最佳表现点，如果客户的概念很模糊，那么，前面做的受众分析将是我们引导客户达成一致目标的基础。

不管针对什么样的客户，如果设计师能够站在客户的角度思考问题、用客户的语言表达问题，那么，设计师就能够真正理解客户的期待并设计出符合期待的作品，事实上，如果能做到这点，往往能够实现客户对设计师设计意图的深入理解并得到必要的支持。

[3] 问题三：有无解决类似问题的其他样板？

提出这个问题显得有些尴尬，因为在大多设计师的理念里，这样的行为无疑于抄袭，但是，我们可以先听听毕加索怎么说的：Good artists copy, great artists steal。实际上，设计也存在一个迭代理论，设计的进步就是一个不断总结、超越的过程。没有基础如何超越？超越一定是建立在现有的模型或者是经验的基础上的，如果需要超越，往往就要站在前人的肩膀上。在接受设计任务后，我们可以收集一些类似的解决方案，这是实现目标的最快方法，也是项目信息收集与整理的重要内容。

收集类似解决方案的目的在于对比现有项目，分析同类方案中好的地方、不好地方，重要的是不要只看表面，而是需要考虑类似方案中为什么要这样来设计，找到规律和原则并运用。有了这个过程，收集类似解决方案就不会是简单抄袭了。

实际上，任何设计都有一个基础模型。基础模型反应出设计物的特征与功能，基础模型的开发源于大量投入与实践。比如，电子邮箱的模型，你会发现 QQ、163 都差不多，连创新典范 Google 也并没有在它的电子邮箱 GMAIL 里彻底改变基础模型，而只是不断地调整和加入新的功能，能否说 Google 在抄袭？

在多媒体界面设计的具体实践中也存在着迭代，需要我们去借鉴好的模型，分析其他类似方案中好的、值得学习的地方。在多媒体作品《唐三彩》中，有一个内容是呈现唐三彩的烧制过程，仅仅是靠文字、图片显然不能很直观地表现内容，因此视频表现被纳入到课题组最初的设计方案里面。但是视频制作好以后，发现仍然不够直观。后来，课题组找到了一段英国博物馆关于地质方面的互动方案的介绍，通过对该方案对比分析，课题组决定采用类似的表现模型对唐三彩的烧制过程进行表现（见图 2-5）。事实证明，这样的表现取得了良好的效果，同时可以看出，对于模式的借鉴并不意味着抄袭。

唐三彩烧制过程的界面设计

图 2-5

[4] 问题四：设计的限制是什么？

　　我们常常说设计是带枷锁的舞蹈，对于开放式、模拟式的课题，设计师往往不能体会到这点。当我们面临实际课题的时候，项目的设计和执行会受到多方面的制约和限制，也应该看出：制约和限制是导向设计项目可行和创新的最佳组合，否则很多富有创造性的解决方案根本无缘见天日。T.S. 艾略特曾经说过：完全的自由让工作止步不前。抱怨时间、资金、工具等的限制是毫无意义的。你的问题就是：如何在限制内实现设计需求？

　　除了时间、资金、工具等这些因素，对于多媒体界面设计来说，技术和使用环境的制约也是需要设计师重点考虑的。例如，液晶屏和投影仪的显示颜色是有差异的，那么，设计师需要事先去了解作品发布是何种显示平台，对特定平台要进行测试，以保证界面色彩的完美呈现。当然，这样的限制还有很多，如果事先考虑，将有利于设计项目的顺利执行。同时，设计师也应该树立这样的理念：与其被动受到，不如主动去利用和解决限制，在目前的可实现条件下，尽可能地应用、利用各项资源去实现信息传达。

　　综上所述，通过寻找这些问题的答案我们可以获取很多概念，后期设计上的诸多雏形会在此阶段形成，如界面风格、配色、素材、布局等。

界面设计的概念来源于课题本身

图 2-6

　　当我们试着去解读、分析项目信息，就会发现，我们经常遇到一些设计问题将迎刃而解，因为答案就隐藏在这些项目信息里面（见图 2-6）。

2.2 信息结构与脚本的创建

    有些设计师不关注设计的内容，往往只是沉迷于表现形式的探究，设计出的界面模棱两可，内容与表现形式严重脱离。可能有的设计师会提出，内容结构的创建是客户和文案的事情，设计师不必涉及。这种理解很片面，这也是追求效率的现代设计流水线操作的一个负面因素。可能肯定地说，如果设计师不了解内容信息，那么在界面设计过程中设计师很难抓住表现重点，从而失去界面的针对性和独创性。内容结构的创建可以由文案主要负责，但设计师必须参与。

    内容结构的创建也叫信息架构（information architecture，IA），是一个整理信息、斡旋信息系统与使用者需求的过程，是要将信息变成一个经过组织、归类并具有浏览体系的组合结构。计算机信息系统被发明以前，人们就在不断进行着分类工作，从日常生活到科学研究，分类无处不在。信息的分类和结构化体现了人类认知的特点与需求，如多媒体作品《中国蜡染》的内容就体现了分类的特点（见图2-7）。

多媒体作品《中国蜡染》脚本内容结构图

图2-7

　　针对多媒体作品设计，脚本内容结构图就是信息架构，是用图表来表示作品内容的主体版块构架，要求反映作品的中心内容和内容的结构体系、结构层次和结构关系。图 2-8 是多媒体作品《墨点》的内容脚本结构图。

多媒体作品《墨点》的脚本内容结构图

图 2-8

　　对于多媒体与多媒体界面设计来说，内容结构脚本的创建已经纳入到通用的设计流程里面，属于多媒体脚本系统的一部分。多媒体脚本系统由内容结构脚本、媒体结构脚本、界面文字与解说脚本、功能结构脚本四部分构成。脚本是工作蓝图，在作品制作中要让每位合作者清楚自己要做什么，找到自己的位置，了解工作的每个细节。即使是个人独立完成一个节目，因为要在制作工作中充当多个角色，所以也应该有一个清晰而出色的工作蓝图（见图 2-9）。内容结构脚本是多媒体脚本系统的核心。

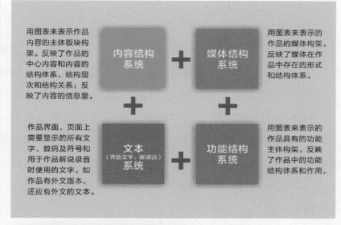

多媒体脚本系统

图 2-9

　　这里需要指出的是，多媒体脚本体现了作品创作者的智慧及思想，所以脚本仅仅是合理还不够，还需要把握内容的特征，突破固有的信息架构模式，体现出作品的内容特色。我们可以做一个尝试，如果有一个关于"北京"的选题，如何组织脚本？如果仅仅想到了历史、发展、小吃、故宫之类的就落入俗套了，通过图 2-10 来看看《北京印象》的创作者是如何组织内容的吧。

多媒体作品《北京印象》的脚本内容结构图

图 2-10

创作者首先从文化理念入手作为主题切入点，但是如何将文化这种抽象的概念用具体的事物来表现呢？创作团队通过对古老而丰富的北京文化进行梳理，发现"中轴线"、"紫禁城"、"胡同"和"燕京八景"最具代表性，这些都是北京独特的事物，最能反映北京城的特点。在经过前期大量的资料采集和实地拍摄后，创作团队经过严谨、细致的脚本创意、编辑过程，最终确定了构成作品的四大板块——"赏中轴异彩"、"寻皇城旧梦"、"探民居清幽"、"揽燕京八景"。"赏"、"寻"、"探"、"揽"四个动词的运用，不仅增添了文字的美感，而且激起读者强烈的阅读欲望，"中轴"、"皇城"等词明确交代了各板块内容，"异彩"、"旧梦"等形容词的使用在使题目保持韵律感的同时也增添了几分情趣。

如何去检验一个内容脚本真正的具有特色？一个简单的办法就是把脚本换个题目看是否还能套上，如果可以，那么这个内容脚本可能就有一些缺失。其实，这种方法检验的是脚本的唯一性。如何做到唯一性？除了深刻理解内容好像就没有其他捷径了。如多媒体作品《远古的天空》的设计师在设计过程中就研究了大量中国古代天文学知识，通过归纳总结出如图 2-11 所示的脚本，体现了设计师独到的视角。

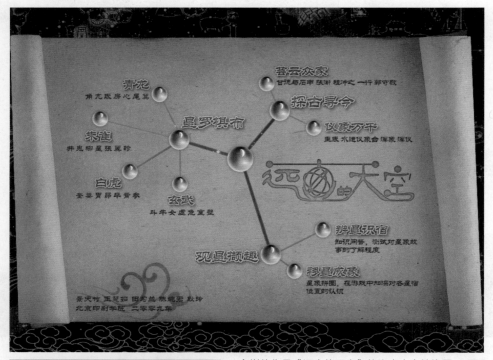

多媒体作品《远古的天空》的脚本内容结构图

图 2-11

当从事大量信息的组合时，会出现一个显而易见的问题：内容结构该做多深或者多广。深度即分类和子类一共有多少层，广度则是指每一层有多少项。技巧就是去找到平衡。如果单独一个层有太多项，特别是顶层，受众可能因此困惑。一个很好的规则是保持每一层的内容分支数为4~8。尽量去组织一个更平衡的信息层次，如多媒体作品《同一蓝天》的内容结构（见图 2-12）就体现了平衡的特征。

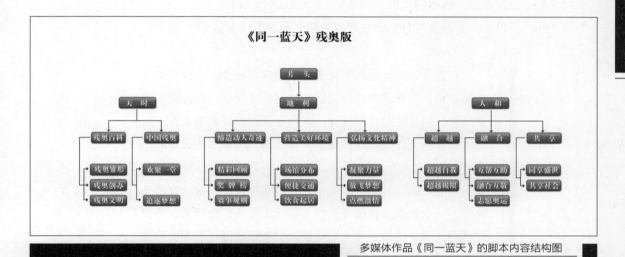

多媒体作品《同一蓝天》的脚本内容结构图

图 2-12

在多媒体的内容结构脚本创建完成后，设计师就可以真正开始界面设计了，即使设计师没有主导内容结构的创建，至少在设计前能够理解内容结构脚本，将界面设计建立在对内容理解的基础是需要遵循的基本原则。

2.3

从交互到视觉的设计流程

早期的多媒体界面设计大多由平面设计师在承担，这样的情况直接导致了视觉设计与交互设计的分离，更多的时候，负责视觉设计的设计师沦为"美术工人"，仅仅对交互设计的原型进行美化工作。在业界，关于视觉设计师和交互设计师谁来主导多媒体项目的争论还在持续。令人惊喜的是，随着各大院校对复合人才培育的推进，针对于互动多媒体设计培养的设计师的知识体系在不断的拓展，设计师不仅只关注界面的视觉传达，也涉及多个领域的知识：心理学、交互设计、信息架构、多媒体编程甚至计算机硬件方面的知识等。

视觉设计师就是把视觉传达给用户和观众，是视觉信息的发送者，把准确的内容发送给针对的接受者，即把我们的情感和认知传达给目标受众，这就是视觉设计师的工作。交互设计师的工作是让产品易用、有效的让人愉快的去使用产品，他们也致力于去了解受众的心里期望，从而设计出用户所需要的产品。其实，交互设计师与视觉设计的目的都是一致的。一个多媒体界面设计师必须把这两点结合起来，不要把自己泾渭分明地定位为视觉或者交互设计师，否则会导致界面设计出现问题。对于多媒体界面而言，交互性是一个关键特征，关于多媒体界面的交互在后面将有专门的章节论述，这里需要指出的是，多媒体交互实现源于技术，换句话说，交互技术才是多媒体物质化的前提，抛开多媒体交互技术，视觉表现、信息传达、交互行为无从谈起。所以，一个多媒体界面的诞生也是一个从交互到视觉的设计过程。界面交互设计阶段关注的是信息的流程和使用者的行为，一般来说，会先进行交互原型设计的工作，设计团队往往需要根据创意概念构建出一系列的草图，以不断验证想法，评估其价值，并为进一步设计深入提供基础与灵感。在交互设计中，一般把这样的帮助与未来产品进行交互，从而获得第一手体验，并发掘新思路的装置，称之为"原型"，这个构建与完善的过程称为"原型设计"（见图 2-13）。

菜式查看/自助服务界面

¥ 35

蒜苗铁板牛杂

自助服务区

份量 大 ▼

数量 1份 ▼

口味 微辣 ▼

加入订单

菜式查看/自助服务界面，全屏展示，清晰呈现了的向顾客展现菜式的名称、配方及价格，用户随时可以进入此界面对菜式进行详细的了解，或者对自己所点的菜式进行一些口味、数量、份量等等的变更。

多媒体界面的交互原型

图 2-13

　　交互原型设计往往是定位于概念设计或整个设计流程初期的一个过程。根据项目大小、时间周期等，设计师往往会根据需求确定纸质原型、概念原型、深入设计原型等不同质量的内容作为输出，界面交互原型设计的内容将在第 3 章进行详细介绍。

2.4 从需要出发提出的设计要求

　　我们知道，不管多媒体作品是应用于教育的电子课件，还是应用于展览的互动展项，某核心作用就是高效的传达信息，这也是多媒体界面设计的目的和价值所在。

　　从 20 世纪 50 年代末开始，计算机出现并逐步普及，把信息对整个社会的影响逐步提高到一种绝对重要的地位。信息量、信息传播的速度、信息处理的速度以及应用信息的程度等，都以几何级数的方式在增长，人类进入了信息时代。到 90 年代末，伴随着互联网的蓬勃发展，信息开始爆炸了，我们不得不面对但与之俱来的问题：汹涌而来的信息有时使人无所适从，从浩如烟海的信息海洋中迅速而准确地获取自己需要的信息变得非常困难。实际上，目前的状况是：人们一方面享受着丰富的信息带来的便利，另一方面也在忍受着"信息爆炸"的困扰。

　　在信息时代如何有效地传达信息？这个看似矛盾的命题却是很多传播学者亟需解决的疑问，也是设计师需要解决的问题。在这个时代，信息靠多种形态、多种媒体，透过复杂的信息网络系统传递，人们开始有意排斥一些信息，聪明的人则更有意识性地主动去获取需要的信息。让信息获得主动性是有效传达信息的关键所在。

　　一个优秀的多媒体界面会给人带来良好的主动信息体验，拉近人与计算机的距离，进行有效的信息沟通。这里强调了"多媒体界面"，是因为多媒体界面与其他类型的界面还是有些差异，对比网络界面、软件界面或移动终端界面，多媒体界面强调信息的系统性，注重信息的精度。设计师唯有掌握信息传达的本质从而进行有效表现，才能创造出触动大众的作品。如果期待创作出高质量的多媒体界面，笔者认为，设计师需要注意下面几点：

1 创造视觉吸引力

　　一个良好的界面应该有视觉吸引力，人类接受的信息90% 来源于视觉。目前来说，界面设计的核心仍然在于视觉的设计，创新的视觉形象是保证界面信息传达的前提。一个好的多媒体界面首先在视觉上应该是创新的、饱满的，能够直接作用于我们的感官，刺激我们的好奇心及记忆（见图2-14）。当然，除了创新，视觉设计的基本形式原则也不容忽视。

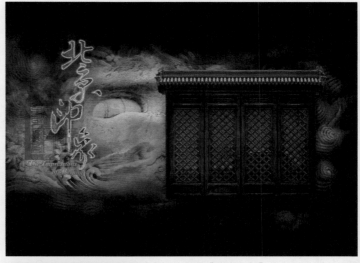

多媒体作品《北京印象》的主界面设计

图 2-14

2 营造沉浸式的体验环境

"沉浸"在字典上的意思是"陷入在一些事件的包围和覆盖中"。我们都有这样的经验，在电影院看电影的时候，放映之前总是先把所有的灯光熄灭，这就是在营造沉浸感，目的是让观众最大限度地把注意力集中在电影屏幕上去关注电影的内容。在多媒体设计领域中，沉浸是一个重要的概念，意味着受众全神贯注地投入到设计师所创造的虚拟环境中，达到完全忘我的境界。当然，沉浸感并非只是强调界面表现的真实性，太过于真实的环境反而让人感觉无所适从，多媒体的沉浸感应该是通过特定的交互操作、主题内容、视觉表现以及硬件设备所共同营造的虚拟环境，全方位地调动受众的视觉、听觉、触觉等感官系统来获得信息（见图 2-15）。

营造沉浸式的体验环境

图 2-15

3 自然、新颖的交互方式

多媒体界面的一个特征就在于交互性。如果一个多媒体界面仅仅考虑视觉元素肯定是不够的，对界面交互的考虑也应该贯穿界面设计的始终。笔者认为，界面交互的基本原则就是自然。自然的交互方式就是界面交互方式必须符合人的使用习惯和心理模型。在设计交互界面时，首先明确用户群的特征并且进行针对性的设计，使用合适、合理的隐喻手段，引导受众进行信息操作。在多媒体作品《江南伞情》(见图 2-16) 中，用户通过鼠标拖拽操作，使界面中的伞转动起来，以获得内容选择菜单，这种交互设计就比较自然。在实际生活中，伞的收放和转动是人的一般行为模式，应用到界面交互中也符合了人的使用习惯和心理模型。

多媒体作品《江南伞情》的主界面交互设计

图 2-16

从信息传播的角度来看，新颖的交互方式如创新的视觉呈现一样可以获得用户的更多关注和参与，人们对熟知的信息总是缺乏热情，这也体现在了交互方式上，陈旧的交互方式会导致受众参与的乏味。

4 让界面动起来

多媒体界面与纸上平面传达信息最大的区别在于动态性。在类似于电影《哈利波特》中动态报纸广泛应用以前,多媒体界面还将占据这一优势。我们现在谈论的动态不仅仅是指界面中出现的视频、动画等媒体表现方式,还包括界面本身的动态效果、界面间的转场、按钮的动态等(见图2-17)。如果是动态的表现,那么节奏是首先需要考虑的。节奏可以简单理解为变化快慢对比程度。在界面设计中,我们可以利用动态的节奏营造不同的界面情境,界面动态也是一种引导受众视线、区分信息层次的重要手段。

动起来的界面效果

图2-17

5 界面即信息

在早期的多媒体概念中，我们往往只强调设备或技术的系统性，实际上，信息的系统性也存在于多媒体作品中。对比多媒体系统与网站系统可以发现，网站系统的信息强调开放性，而多媒体系统的信息更加强调完整性和精度。所谓精度，就是需要对信息进行高度的包装。在这种前提下，一个多媒体界面应该是完整信息生态系统，界面中的任一个元素应该都是为信息服务的，所有的元素具备针对性和唯一性，界面元素的总和也是信息的总和（见图 2-18）。

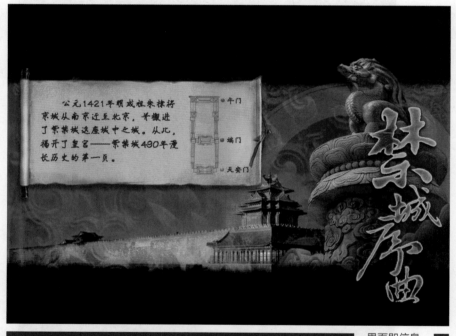

界面即信息

图 2-18

从上面几方面可以看出，视觉、交互、动态、体验、信息是界面设计的关键点。总的来说，多媒体界面需要给受众多重的感官体验从而达到信息传递的目的。

2.5

界面设计的趋势

就操作系统界面而言，最初的图形界面的目的是省去用户繁复的操作命令，简化并直观化操作，使界面操作朝人类的使用习惯靠拢。但是经过了近 30 年的进化，图形界面早就不再以单纯的方便操作为目的而存在。从 1984 年苹果计算机图形界面的出现到现在的微软公司的 Windows 7，界面视觉的细节和表现力不断被强化着。有一种趋势正在渐渐变得常见——图形界面中元素的三维化。游戏界面在这方面是先行者。早期的游戏都是二维界面，慢慢变成了 2.5 维，目前已经是彻底三维化了。在多媒体作品中，早期由于受制与成本与技术的限制三维化的程度并不高。但是近年来，三维化界面在多媒体中也层出不穷，三维化使界面中的某些部分或者几个界面之间，变得像真实世界中的物体一样可以从不角度观察，可以被翻转，甚至互相作用。界面中的这些部分因此会获得很强的表现力，有些效果也是二维界面无法达到的（见图 2-19）。

WHITEvoid 公司的三维化作品展示页面

图 2-19

图 2-19 是 WHITEvoid 公司的三维化作品展示页面，普通的图片经过三维化后，这些简单的操作就变得丰满而妙趣横生。实际上，这种三维效果比较简单，更加引人入胜的三维虚拟效果也已引入多媒体界面中。多媒体作品《北京印象》中就充分使用了这一技术（见图 2-20），观众可以像玩游戏一样漫游于三维情景中。观众可以操作三维环境中的元素，显示画面会随着观众操作而改变，同时这种操作也可以形成动画，但是这种动画是即时生成的，不需要最终生成动画。这种技术可以实现让读者在立体的环境下游历，达到真实、自由、多角度观测目标的体验。

《北京印象》中三维漫游界面

图 2-20

三维化应用中使视觉设计和交互设计的变得更加紧密，维度的增加给设计师带来了更多想象的空间，也增加了界面的沉浸感。人类的视觉本身就具备三维的特征，如果能够在界面中能营造出接近于真实的空间感，在生理层面就更加容易被感知并沉浸其中。

多媒体界面设计的另外一个趋势就是针对于多点触摸的界面设计，随着计算机技术的进一步发展，特别是两大世界级的 IT 公司 Microsoft 和 Apple 的产品研发和上市，多点触摸技术已日趋成熟，应用范围也越来越广泛。

2007 年，Microsoft 推出了革命性的产品 Microsoft Surface，它最主要的特征是多点触摸，具有"自然"和"直观"的特点，提供给用户一个有趣、身临其境、本能操作以及没有任何胁迫感的体验。Microsoft Surface 不但能够多点触摸，而且能被从任何一边开始进行操作，能提供 360 度的用户界面（见图 2-21），而用户不需要关注操作平台的上下左右。多点触摸也意味着两个、三个或者更多的人能够同时使用它。

Microsoft Surface
多点触摸界面

Microsoft Surface 多点触摸界面

图 2-21

令人新奇的是，你将手指伸向屏幕，碰触它的那一刻，如镜的屏幕像湖水一样泛起涟漪；把装满冰镇饮料的玻璃杯放在屏幕上，屏幕上立刻扩散出一圈圈的水印，水珠也会调皮地冒上来，用手一拨还会忽地蹦开，见图 2-22。这种情感化的交互操作这正人们梦寐以求的交互技术。

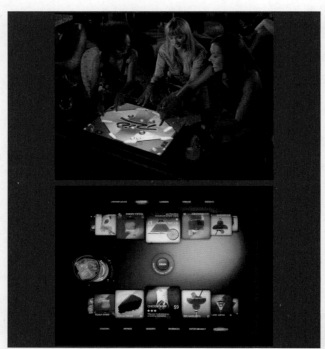

Microsoft Surface 多点触摸界面

图 2-22

　　多点触摸技术为多人交互的实现提供了极大的可能性和机会。多媒体界面设计师应该敏锐地了解并适应这种交互方式的变革，也应该对新的交互方式下的多媒体界面设计进行思考。

第 3 章
引入交互

MULTI-MEDIA
DESIGN

交互设计（Interaction Design）产生于 20 世纪 80 年代。在 1984 年一次设计会议上，大名鼎鼎的英国交互设计师 比尔·莫格里奇首次提出交互设计这个概念，作为一门关注交互体验的新学科而存在并发展到今天。

在多媒体的发展历程中，交互作为这种信息传播形式主要的特性一直以界面的形式呈现。如果谈到界面必然会谈到互动，它们甚至不能分开来理解，如果把多媒体的脚本比喻成人的灵魂，那么界面交互就是人的为模式。实际上，多媒体交互就是使用者与多媒体界面进行沟通的行为过程，具体体现在使用者通过界面对信息的控制和参与。

3.1

什么是界面交互设计

　　首先我们需要了解什么是交互设计。交互设计是一种如何让产品易用并尽可能让人乐在其中的技术，包括了解受众在产品使用过程中的心理反应，了解受众在同产品交互时彼此的行为，了解大部分受众交互行为的习惯，还包括了解各种有效的交互方式，并对它们进行增强和扩充。交互设计还涉及多个学科，以及与多领域多背景人员的沟通。

　　交互可以理解为在使用产品过程中受众的感觉以及针对感觉的反馈。从这个层面上来看，生活中交互是无处不在的。交互产生的感觉就是我们平时所熟知的五感，即听觉、视觉、嗅觉、味觉、触觉。

　　在专业领域内，多媒体技术的发展方向是使机器向人靠拢，用人类固有的习惯的方式与机器进行信息交流，而不是强制人去向机器靠拢。多媒体界面的交互性将向受众提供更加有效的控制和使用信息的手段，同时为应用开辟了广阔的领域。多媒体界面要达到尽可能实现像身临其境般的高效的信息交流。交互界面是人性化信息交流的必然要求。交互界面可以增加受众对信息的注意力和理解，延长信息保留时间。在《情感化设计》一书中，唐偌曼提出：受众不会使用或流畅操作某一产品，其过并不在于受众而是该产品的交互设计存在问题。

　　一般来说，多媒体界面交互设计依据信息沟通程度可以分为三个层次：第一层次为受众在交互系统中选择需要的信息，第二层次为受众在交互系统中创建新的信息，第三层次为沉浸式信息交互（见图 3-1）。这三个层次在应用中并无优劣之分，而是需要根据交互系统的使用目标、环境等因素来选择合适的交互层次。

沉浸式信息交互

图 3-1

　　通过对多媒体产品的界面和行为进行交互设计，让产品和它的使用者之间建立一种有机关系，从而可以有效地达到使用者的目标，这就是交互设计的目的。有很多人会问，交互设计不就是界面设计吗，尤其是在理解同多媒体产品的交互时？人们在界面设计方面已经有了一定的关注，然而，交互设计更加注重产品和使用者行为上的交互以及交互的过程。

3.2 多媒体界面交互设计的内容

　　在多媒体节目的使用中，受众通过与作品之间的直接互动，参与并改变了作品的影像、造型甚至意义。他们以不同的方式来引发作品的转化。不论与作品之间的接口为键盘、鼠标或其更复杂精密甚至是看不见的操作，受众与作品之间的关系主要还是互动性质的。在这些多媒体节目的使用过程中，受众可以随时扮演各种不同的身份，渗透到异国文化中，产生新的社群。在面对和评析一件多媒体艺术作品时，我们要提出的问题是：作品具有何种特质的结构分类以及连结性与互动性？它是否让观者参与了新影像、新经验以及新思维的创造，是否给受众了一个清晰的脉络和线索，给出了一个有效的引导，让受众轻松、方便地浏览这个节目？它是否成为真正为人服务的作品？这些其实都是多媒体界面交互设计需要解决的问题。综合来说，多媒体界面交互设计包括以下三方面。

1 针对信息沟通的行为流程及方式设计

多媒体界面始终关注的是信息沟通，界面的交互设计也应秉承这一原则。多媒体界面交互设计首先要解决系统的内容信息如何被受众选择、获取以及创造，即针对"信息沟通"这一行为过程和方式的设计，换句话说，就是受众如何通过界面操作来选择、获取以及创造信息。如在多媒体作品《盛世钟韵》的"声学演示"中，界面的主要信息就是古钟的发声原理，作品设计师采用了这样一个交互形式：受众可以拖拽鼠标来改变钟体的厚度，系统即时反馈出当前厚度下古钟发出的声音（见图 3-2）。当受众完成这一操作时，信息也就自然地传达给受众了。

再如，一个关于"历史进程"为主要内容的界面如何设计交互？时间线、年轮等都可以纳入初步构思，进一步可以设定受众通过鼠标拨动年轮就出现相应的内容，这就是一个针对信息沟通的行为流程及方式设计。

古钟的发声原理交互演示

图 3-2

需要注意的是，下面要谈到的"界面导航"、"界面图标"也是以信息沟通为主要目标，但关注点不一样，这里关注具体内容信息的沟通行为。

② 界面导航系统设计

在多媒体作品中，导航系统可以由多种方式构成，如界面中的按钮、地图导航、快捷导航等。一个多媒体作品的导航系统相当于一条路的路标，不同的是，界面中不同内容页的入口远远比马路要复杂，所以一个清晰的导航设计对于一个多媒体作品的意义远远大于一个路标对于马路的意义。

受众的需求越来越复杂，多媒体内容的结构也势必变得更复杂。如何引导受众去获取内容信息，或者说，如何让受众把不同的内容都串联起来，导航就应当担此重任。在内容为王的时代，多媒体作品内容以丰满为佳，但界面导航系统恰恰应该是以一个相反的表现为佳——苗条。一个苗条简洁的导航结构对受众的吸引和引导远远高于一个丰满复杂的导航。多媒体作品的特征要求导航系统设计尽量清晰明了，提供给使用者良好位置感的设计（见图3-3）。

界面导航设计

图3-3

3 界面中的交互图标设计

在多媒体中界面中，工具以图标的形式存在。图标是具有明确指代含义的计算机图形，界面中的图标是功能标识。如"音量调节"功能就需要我们设计一个图标来呈现在界面中，以便受众进行操作。图标在人机交互设计中无所不在（见图3-4）。随着人们对审美、时尚、趣味的不断追求，图标设计也不断花样翻新，出现了越来越多精美、新颖、富有创造力和想像力的图标。可是，从可用性的角度讲，并不是越花哨的图标越被受众所接受，图标的可用性要回到它的基本功用去思考。

界面图标设计

图3-4

图标的功用在于建立起计算机世界与真实世界的一种隐喻，或者映射关系。受众通过这种隐喻，自动地理解图标背后的意义，跨越了语言的界限。但是，如果这种映射关系不能被受众轻松并且准确地理解，那么这种图标就不能算是好的图标。因此，图标的设计应该遵守简洁、一致性、唯一性的设计原则。

当然，上述交互设计只是从界面设计的范畴去考虑，实际上，在一个完整的多媒体交互系统中，信息的输入和输出技术（或设备）决定了我们交互的层次和方式，是我们进行交互设计的前提条件。

3.3

交互源于生活

前面提到过，交互的首要原则的就是自然。所谓自然，就是符合使用者的习惯。但习惯源于何处？受众习惯源于其不断使用日常产品过程中的印象积累。

我们来看一个很常见的设计细节：界面上的拖拽区域。如图 3-5 所示，分别截取了不同软件的拖拽区域，基本都是排列整齐的 45 度斜条，不妨再放大看看，黑色的像素点下面有些还有白色的像素点，呈现凹进去的感觉。

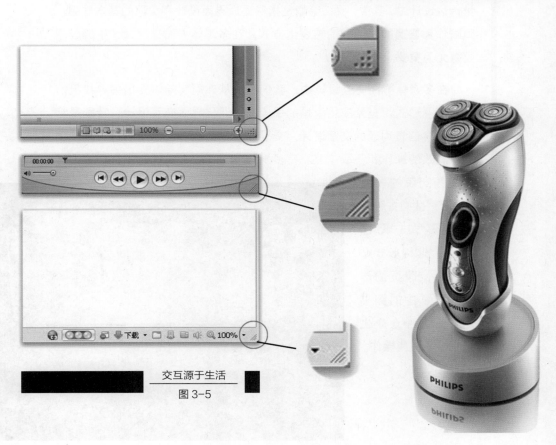

交互源于生活
图 3-5

联想一下现实生活，类似的小凹凸点设计有很多。在工业设计中，为了方便手的抓取，会在手握的区域设计小凹凸点或条纹，增加物体表面的摩擦系数，如剃须刀，瓶盖等工具都可以见到这个设计。而在多媒体交互系统里，鼠标就类似我们的手，去移动软件。多媒体系统其实是图形化的工业产品，在使用过程中，由于现实中生活习惯的映射，很多受众都会知道那些有凹凸点的区域或许是可以按住拖拽的。

再想想在界面中经常使用的按钮元素，在日常生活中我们是否也能找到原型？其实，界面交互的形式大多延续了我们使用日常产品形成的习惯，更多的时候，交互设计来源生活。这也是我们在界面设计中需要熟悉的一个基本概念——隐喻。隐喻是一种比喻，用一种事物暗喻另一种事物。隐喻是在彼类事物的暗示之下感知、体验、想象、理解、谈论此类事物的心理行为、语言行为和文化行为。这一概念已广泛应用于视觉传达设计中。其中，界面隐喻是指导受众界面设计和实现的基本思想。隐喻作为普遍的认知和情感表达方式，在多媒体界面交互设计中的应用显得尤为重要。

在多媒体界面交互设计中，我们不妨从课题实际需要出去寻找最恰当的交互形式，充分应用隐喻的手段，以深化界面交互设计。特别是针对于内容信息沟通的交互设计，交互形式一定要符合使用者的习惯，让受众高效的操作和获取信息。在多媒体作品《盛世钟韵》中，介绍古钟营造、安装的内容就用了"翻阅古籍"交互形式（见图3-6），这种形式贴近内容，翻页的形式跟日常中的翻书无异，让观众产生认同感并快速操作。

多媒体作品《北京印象》中翻阅的交互形式

图3-6

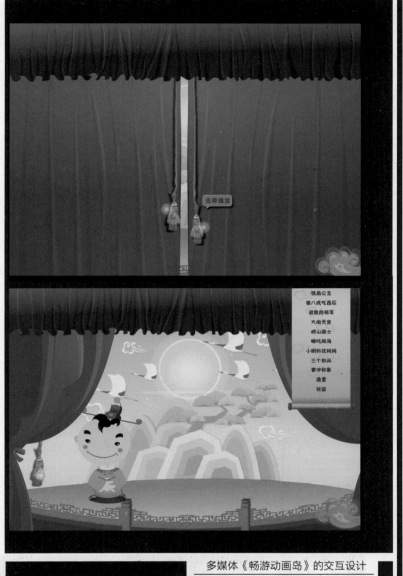

多媒体《畅游动画岛》的交互设计

图 3-7

再如，多媒体作品《畅游动画岛》中，经典动画赏析的选择界面就设计成了剧场帷幕的形式，观众通过选择拨开帷幕开始观看影片（见图 3-7）。从上述分析中我们不难看出，隐喻应用在界面交互设计中至少有如下两个益处。

① 隐喻传达操作功能

界面设计的图形化发展表明图像形式本身可以传达出意义，合理的设计可以方便使用者的认知和操作。设计师可以运用隐

喻, 通过寻找恰当的符号载体与这一功能特性联系起来, 使抽象的功能意义以我们更为熟悉的方式呈现。如 Apple 电脑中刻录软件图标是可以算得上图标历史上最杰出的隐喻之一了, 烤面包机更能诠释刻录软件"烧录"功能 (见图 3-8)。

苹果电脑中刻录软件图标

图 3-8

② 情感引导

　　界面体现的是一种视觉样式, 也可能是一种使用方式。有着丰富隐喻的界面本身就不再是中性的, 而是有性格、有情感, 能让人感受到意象、能感觉到情趣。隐喻所提供的比较, 不仅强调了最初情境中的某些外观性质, 而且使之充满了后来情景的意味。在隐喻里, 通过共同特征的桥梁连接起来"宇宙"间的联系, 每种视觉式样, 不管是一幅绘画、一座建筑、一种装饰或者一把椅子, 都可以被看作是一种陈述, 它们都能在不同程度上对人类存在的本质作出说明, 展示设计者风格的一个特征 (见图 3-9)。隐喻成了表现情感的手段。

多媒体作品《北京印象》界面中隐喻的情感引导

图 3-9

界面交互原型设计

　　界面设计是一个从交互到视觉的设计过程，在设计流程中有一个很重要的环节就是交互原型设计。在交互设计中，一般把这样的帮助我们与未来产品进行交互，从而获得第一手体验，并发掘新思路的装置，称为"原型"，这个构建与完善的过程称为"原型构建"。从形式上来说，我们也可以把它理解为草图设计，在具体设计过程中可以将原型划分为三类。

① 纸原型：顾名思义，就是画在文档纸、白板上的设计原型、示意图，便于修改和绘制，不便于保存和展示。因此想有效地利用纸原型，就需要注意纸原型的承载。

② 低保真原型：通常是基于现有的界面或系统，通过计算机进行一定的加工后的设计稿，示意更加明确，能够包含设计的交互和反馈，可不考虑视觉效果。可以理解为介于纸面原型和高保真原型之间的输出的统称，也可以作为需求设计稿输出。

③ 高保真原型：属于原型设计的终极版本，包括产品演示 Demo 或概念设计展示。这个阶段就需要为原型注入视觉，以达到完整的效果，很大程度上要求交互设计师对视觉审美的能力。只有从视觉、体验两方面同时打动客户，才能最终赢得客户的信赖。

　　上面的分类只是说明了原型设计输出形式，实际上，原型设计仍然要关注交互设计的本质，即信息沟通的形式和方法。特别是在"纸原型"和"低保真原型"阶段，我们不需过于考虑界面的视觉，而是要关注交互的行为过程。如多媒体作品《怀旧 80 后》设计过程中就执行了原型设计的流程（见图 3-10）。

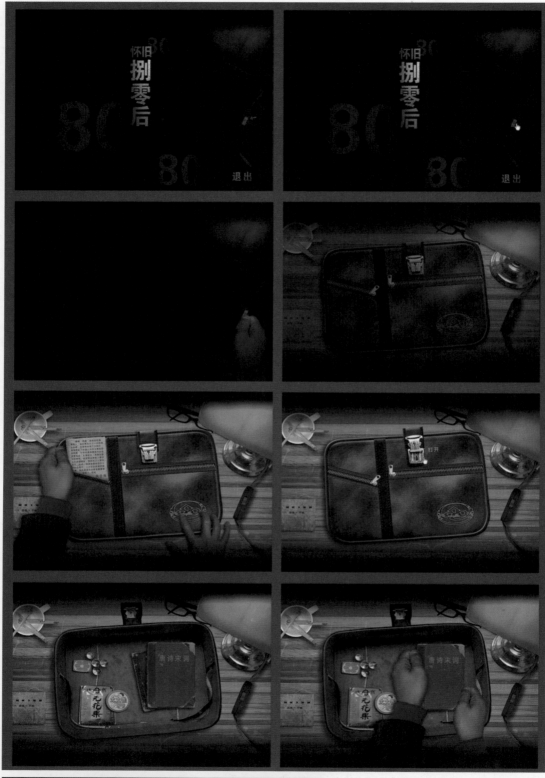

多媒体作品《怀旧 80 后》交互原型设计

图 3-10

界面交互设计的原则

在界面交互设计过程中，交互设计关系到界面的外观与行为，需要满足界面交互设计设定的目标，需要设计师站在受众的立场，在界面设计和开发中遵循一些科学而合理的设计原则。

1 自然的交互设计

这一原则在之前的内容中有所提及，这里再次强调并把它作为首要的交互设计原则：界面交互方式必须符合人的使用习惯和心理模型，在设计交互界面时，首先明确受众群的特征并且进行针对性的设计，使用合适、合理的隐喻手段，引导受众进行信息操作。如多媒体作品《风筝》的主界面（见图 3-11）中采用线条引导的方式来进行对子内容的选择，就体现了这一原则。这样的设计不仅符合受众的使用习惯，甚至能够引起受众的情感共鸣。

《风筝》主界面交互设计

图 3-11

2 以沟通功能作为交互设计核心

　　交互设计的关键是使人与计算机之间能够准确地交流信息。一方面，人向机器输入信息时应当尽量采取自然的方式；另一方面，机器向人传递的信息必须准确，不致引起误解或混乱，使阅读、导航与主体内容泾渭分明，充分体现人机的交互功能。这样设计出来的多媒体作品不但能够突出主题，而且易于受众的阅读。如多媒体作品《北京印象》的"大气混成"中的导航按钮的设计（见图 3-12）照顾了受众的使用心理，图像随鼠标上下移动的交互方式也符合作品内容的特征。

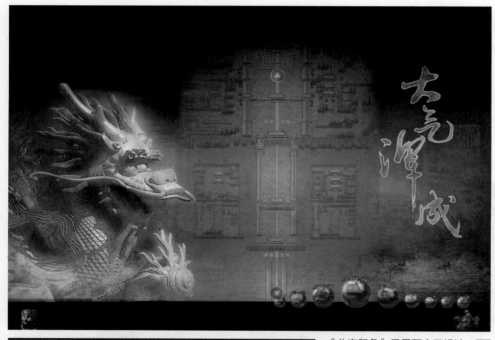

《北京印象》子界面交互设计

图 3-12

3 交互方式保持一致性

　　一致的交互方式不致增加阅读着的负担，让阅读着始终用同一种方式思考与操作。Windows 下的应用软件之所以倍受青睐，与其界面的一致性不无关系。多媒体界面交互的一致性体现在系统层面对基本互动方式和行为的规范，在多媒体作品《宝马X3》中（见图3-13），设计师就注意了交互方式的一致性，在作品中基本的操作方法是一致的。需要指出的是，交互方式的一致并不代表作品表现的死板，这里的"一致性"需要我们对多媒体系统交互的基本形式作出规范，在统一的前提下，我们可以针对不同内容进行丰富的交互形式设计。

《宝马X3》界面交互设计

图3-13

4 交互方式的丰富性

　　一个多媒体节目里交互性的是否丰富直接影响受众的兴趣，丰富的交互性可以最大限度地吸引受众注意力，达到充分传递信息的目的。图3-14是Nike iD美国的交互界面，让受众可以在特定的鞋款上，自己配色、加上个性化的图案。

在强调 DIY 的今天，这个互动界面给受众们提供了一个可以发挥想象力的空间，让他们自己来体验设计、体验耐克文化。整个界面由不同的模块组成，有些会与服务器进行交互，有些是这些模块之间的通信，这种灵活的控制使得整个多媒体灵活的随着受众的意愿而作出响应。

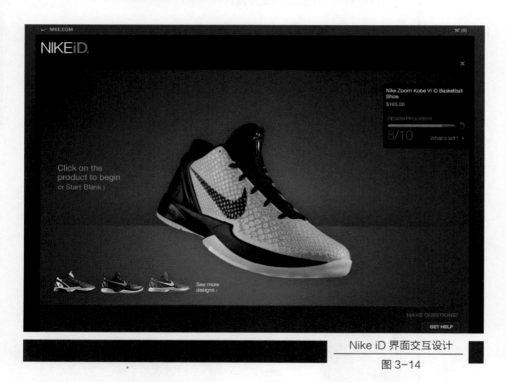

Nike iD 界面交互设计

图 3-14

5 　使受众随时了解浏览的情况

　　交互设计应该能够告诉受众现在阅读的内容在整个节目中的具体位置。特别是在需要复杂导航的时候，必须让受众了解他的阅读情况，如他的同级关系、上下级关系等。切不可让受众面对着一个没有反应的屏幕，以致怀疑是否出现了死机现象。 在多媒体节目运行前，一般设计一个 loading 画面（见图 3-15），提示受众节目正在载入。在多媒体作品《怎样制作你的电影中》中，作品提供了一个非常棒的工具，利用这个工具，你可以知道身处何处。

《北京印象》载入界面

图 3-15

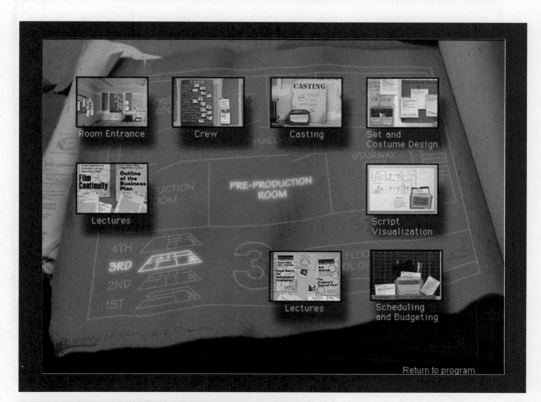

《怎样制作你的电影中》界面交互工具

图 3-16

6 给受众提供帮助以减少挫败感

多媒体节目在制作的时候绝不可以认为受众都是计算机专家，不需提供帮助。挫败感的范围从轻微的不满到极度的愤怒有很多种（达不到受众的预期期望；错误的信息；界面过于杂乱、艳丽、花招摆出没头没脑；引导受众执行了许多步骤之后出错，导致受众要从头开始）。有关的文字、图形提示、信息、说明应该放在明显的位置（见图 3-17 ）。

《麋鹿京京云云》界面帮助系统

图 3-17

7 交互设计要结合视觉表现

多媒体界面用交互与视觉联合构成受众的体验，在进行界面交互设计时，也应考虑到界面交互与视觉形象的结合，尽量使交互方式和视觉形象有内在的统一。如在多媒体作品《同一蓝天》中，设计师将军刀的形象与交互很好的结合起来了（见图 3-18）。

《同一蓝天》界面交互与视觉的结合

图 3-18

3.6

案例分析

在笔者讲授《多媒体界面设计》课程中，有不少同学会产生这样的疑惑：我们是否应该为了交互而去对视觉表现做一些妥协？其实，对于多媒体来说，交互是要优先考虑的，这点在前面的章节中已经提到。视觉表现没有妥协的必要，交互强调的是形态和行为，而视觉表现是完全可以建立在此基础上的，就如我们不会因为纸张问题而去放弃版面的视觉表现，设计师在设计版面前得先考虑纸张的因素。下面挑选一些课程作品来具体说明界面交互设计的思路，这些作品可能不是很成熟，但反映了设计师对界面交互设计的理解，作品中存在着闪光点值得我们借鉴。

1 《虚拟试衣间》

2008 级多媒体艺术专业孟木子同学设计了一个虚拟试衣间，用户可以挑选衣服后使用和自己身形一样的虚拟的人物来进行试穿，顾客可以提前看到试穿的效果，以判断是否购买，为顾客提供购物新体验。

《虚拟试衣间》首封界面是一扇用三维制作的是试衣间的门，利用半掩半开的门勾起用户的好奇心，门牌上写着"无人 / Empty"代表试衣间里面没有人，用户可点击门把手或者左边的门牌进入主界面（见图 3-19）。

《虚拟试衣间》首封界面

图 3-19

主界面左边有一个裁缝用的量衣标尺，一闪一闪，吸引用户的注意。用户通过拖拽标尺，直接拖出隐藏在旁边的菜单，方便而且形象（见图 3-20）。

《虚拟试衣间》主界面

图 3-20

该同学把菜单设计成衣服的商标吊牌形式挂在标尺上以主题相贴切，商标吊牌还会左右晃动，提升了界面的亲近感和生动性（见图 3-21）。

《虚拟试衣间》主菜单

图 3-21

　　当鼠标经过到这些菜单选项上的时候，界面右侧会出现相关的信息图片。如鼠标经过到"挑选模特"菜单选项上时，界面右边会出现不同的模特（见图 3-22），暗示用户在"挑选模特"界面里可以自己挑选不同身材和姿势的模特来试衣。

《虚拟试衣间》热区效果

图 3-22

在"挑选模特"界面，用户可以通过输入自己身材的详细信息，如身高、体重、三围以及身材比例等（见图3-23），目的是为了让系统模拟出一个最符合最接近用户身材比例的模特来试穿衣服，给用户一个非常直观的感受。如果用户对自己的信息不是很了解，也可以单击右下角的"下

《虚拟试衣间》挑选模特界面

图 3-23

一步"箭头，跳过输入信息，直接挑选与自己身材相近的模特来"帮忙"试穿。

　　在试穿界面里，用户可以试穿之前挑选的衣服。界面右侧是用户挑选出来的试穿模特，左侧是一个衣柜形状的菜单（见图3-24）。用户有三种方式试穿：一是直接从衣柜拖拽出衣服，套在模特身上；二是单击衣柜里的衣服，模特便会自动换上所选择的衣服；三是单击模特左右两边的左右键小图标，系统会按默认顺序给模特换上衣服，简单快捷。在试穿过程中，用户若想查看衣服细节，可以直接把鼠标移动到衣服上，便会出现指定地方的放大效果。

《虚拟试衣间》的试穿界面

图 3-24

2 《三国演义》

2008 级多媒体艺术专业易童川同学的作品主要介绍了三国演义中的经典英雄形象，首封界面（见图 3-25）使用战场剪影和古籍为背景，鼠标用长枪的枪头代替，这样使整个界面更具历史感，更加贴近主题。在标题下面有进入和退出两个选项按钮，鼠标移动到按钮上时会发光，点击之，进入到下一界面。

《三国演义》首封界面

图 3-25

在主界面设计中，该同学着重考虑了热区的形式，采用了三国时的分割地图来表现，三个国家代表三个大的热区：魏、蜀、吴。单击其中一个热区，可以进入到下一界面。此外，在右下角还有一个进入"三国人物"界面的小热区（见图 3-26）。

《三国演义》主界面

图 3-26

《三国演义》二级界面

图 3-27

在二级界面"蜀"中。采用三国时期的帅旗为热区形式，分为"历史回顾"、"汉中典故"、"找英雄"三个选项（见图3-27)，点击一个，进入到下一级界面。

三级界面"汉中典故"中介绍了蜀汉的一些典故，分为"桃园结义"、"三顾茅庐"等，用竹简为表现形式，界面的下方有色彩的竹简都是可以点击的热区（见图3-28）。

《三国演义》"汉中典故"界面

图3-28

在三级界面"找英雄"中，界面下方的条框可以随着鼠标的方向左右移（见图3-29）用户在条框中选择属于蜀国的英雄，通过鼠标拖拽放进上方的格子里。等所有英雄都找齐后，界面上方的"刘备"头像会变为彩色。

《三国演义》"找英雄"界面

图3-29

单击主界面右下角的 "三国人物" 热区，可以查看所有三国英雄的介绍，也为找英雄互动环节提供帮助（见图3-30）。界面中的画幅可以随着鼠标的左右移动。点击则下方就会出现关于对英雄的简介。

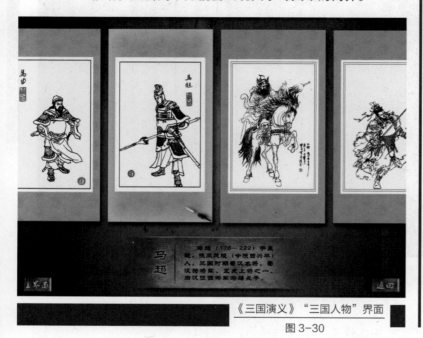

《三国演义》 "三国人物"界面

图3-30

③ 《怀旧八零后》

在2008级多媒体艺术专业曲虹臻同学作业《怀旧八零后》界面交互设计中使用了大量的隐喻，这些交互操作大都可以在生活中找到原型。例如，进入节目的开灯（离开节目关灯），打开包或者抽出相应文字说明，都是模拟人的动作这种交互方式可以让用户感觉很自然。

《怀旧八零后》的主界面（见图3-31）如同老电影一样，微微闪烁并伴有条状的坏点，这样的效果来可以体现怀旧主题。此界面的进入按钮是一个台灯的开关，界面右上方有微弱的灯光将用户的注意力引导至开关上，既让用户体验寻找的乐趣，又不至于让用户迷失。

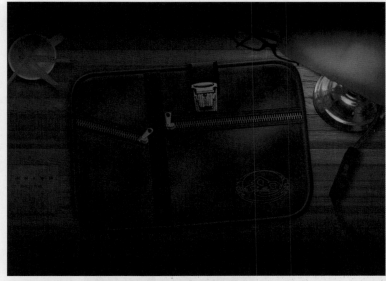

《怀旧八零后》主界面（一）

图 3-31

　　单击开关后，从界面下方伸出一只手打开开关，台灯逐渐亮起来，桌面上的东西开始清晰，同时进入了主界面。主界面是一个俯视角度的桌面，符合人的视角（见图 3-32）。界面中旧物匣子是用爸爸妈妈用的公文夹。想离开这个界面时，依旧可以单击灯的开关按钮，关灯回到初始界面，这样的交互设计是源于生活经验的，用户自然而然的反应。

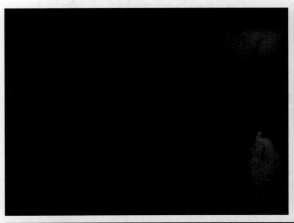

《怀旧八零后》主界面（二）

图 3-32

主界面左侧像名片一样的是音乐界面，烘托气氛，播放校园歌曲（见图3-33），鼠标经过音乐界面时会弹出更多的信息。

《怀旧八零后》音乐选择界面

图 3-33

单击公文包两个拉链时显示"欢迎"二字，拉链完全拉开后，界面出现一双手抽出包中的牛皮纸（见图3-34），进入"关于我"界面。

《怀旧八零后》主界面热区

图 3-34

主界面中，鼠标经过公文包摁扣时变成手型，单击后，界面出现双手打开摁扣进入二级界面，界面中出现类似儿时珍藏的小玩意儿为选择热区（见图3-35）。再次单击，则可以关上公文包。

《怀旧八零后》进入二级界面的交互设计

图3-35

在二级界面中，鼠标经过热区时变成手型，并折出小块牛皮纸提示热区名称（见图3-36）。单击后，界面出现双手拿起相应的物品，以进入下一级界面。

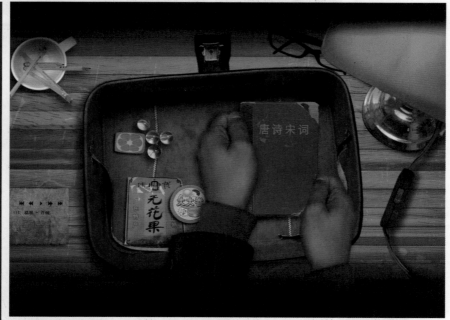

《怀旧八零后》二级界面热区

图 3-36

4 《IMAGINZOOM STORY》

　　2008级多媒体艺术专业宾元岑同学的作品展现当今女性普遍关注的时尚服饰，下图为作品的首封界面，"IMAGINEZOOM STORY"为品牌的名字。鼠标单击"进入"按钮后，开始载入内容，进度由明确数字标示（见图3-37）。界面运用黑色、斜线将界面分割，给人品质感。标题中的字运用了白色，与黑色呈对比，因为主题有关女性，文字"STORY"运用了跳跃的粉红色，增强界面中颜色的跳跃度。界面下方有音乐开关等功能性热区。

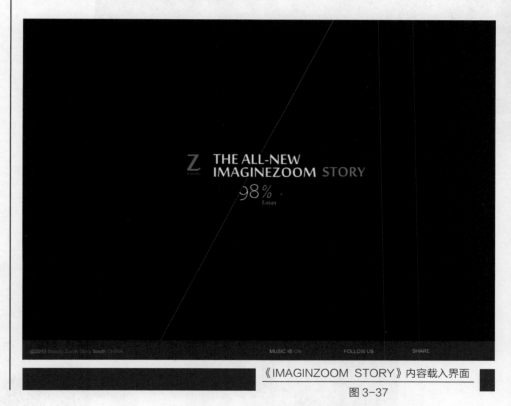

《IMAGINZOOM STORY》内容载入界面

图 3-37

　　主界面使用了灰色基调。鼠标在不动的状态下，界面中只会出现右边的大底图。当鼠标临近左上角的品牌名字，左侧的导航菜单会滑动下来。随着鼠标的竖向移动，图片向下滚动，直到最后一张图片（见图3-38）。鼠标在左侧的图片中停留一秒,便会呈现横向的图片。横向图片出现后，框的右侧有个向后提示按钮，鼠标经过附近图片也还会向后滑动，直到最后一张图。每张图片都可以单击。

《IMAGINZOOM STORY》主界面

图 3-38

进入"FREEZOOM"界面后，界面右侧的模特引导整个界面的视觉方向。左侧是利用几张图像进行分割形成魔方的效果（见图 3-39）。鼠标放在左侧图片上，图片会翻转至下一组图片，就像转动魔方一样，使界面产生强烈的空间感。

《IMAGINZOOM STORY》"FREEZOOM"界面

图 3-39

进入"WOMAN ITEMS"界面后，介绍欧美女性时尚装备必备品，以瓶贴的形式展现，界面显得更活泼、丰富（见图3-40）。每个物品都可以放大查看。单击后，会出现有关物品的系列选单，便于用户迅速地查看到自己中意的物品。

《IMAGINZOOM STORY》"WOMAN ITEMS"界面

图3-40

⑤《普罗旺斯风情》

　　法国普罗旺斯以当地优质的薰衣草闻名于世，2008 级多媒体艺术专业李雪同学在多媒体作品《普罗旺斯风情》界面中使用了深紫为主色调来体现出这种浪漫的情调（见图 3-41）。

　　十字型的分割画面让湖面看上去更有动感。文字倒影和渐变让原本简洁的画面多了些细节，又不至于与主题文字抢夺关注度。文字倒影旁的珠链连接的项坠上，用白色手写体写着"Enter"，配以对称的橄榄叶纹和鲜艳的粉色，自然而然地抓住了用户的目光。鼠标放在"Enter"上，项坠会轻轻晃动，让用户点击进入。然后画面淡出，进入主界面。

多媒体作品《普罗旺斯风情》首封界面

图 3-41

　　进入主界面后，鼠标在画面上上下移动则改变太阳的位置，模拟出大片薰衣草在不同光线情况下迷人的姿态。界面最上方的是界面文字导航，靠近下面的是三个热区，分别以薰衣草、女孩还有名画代表了普罗旺斯的三方面介绍内容（见图 3-42）。当鼠标移动到某一热区，这个热区的图片及文字就会亮起来，点击之，便可以进入该板块。

多媒体作品《普罗旺斯风情》主界面

图 3-42

在 Enjoy your life 板块中，主要介绍的是普罗旺斯当地的美食和闻名遐迩的葡萄酒，因此选择"菜单"这一元素来展示。用户可以通过鼠标拖拽来模拟翻书的效果一页页查看内容，单击右侧的"Provence"，则可以合上菜单回到上一界面（见图 3-43）。

多媒体作品《普罗旺斯风情》二级界面

图 3-43

3.7

再谈用户体验

用户体验（User Experience，UX 或 UE）是一种纯主观的在受众使用一个产品（服务）的过程中建立起来的心理感受。因为它是纯主观的，就带有一定的不确定因素。个体差异也决定了每个受众的真实体验是无法通过其他途径来完全模拟或再现的。但是对于一个界定明确的受众群体来讲，其用户体验的共性是能够经由良好设计的实验来认识到。计算机技术和互联网的发展，使技术创新形态正在发生转变，以用户为中心、以人为本越来越得到重视。

多媒体界面是关于多媒体系统看上去和用起来的感受，是受众使用多媒体系统的全部体验。界面交互设计的目的是使产品让受众能简单使用。任何产品功能的实现都是通过人与机器的交互来完成的。因此，人的因素应作为设计的核心被体现出来。但要使多媒体系统具备优质的用户体验仅仅满足可用性目标还不够，品牌意识、功能性、内容联合可用性才能获得完整用户体验语境。如果从多媒体系统整体的角度出发，良好的用户体验应该是我们一贯追求的目标，用户体验贯穿在一切设计、创新过程。其中，视觉是构成体验的要素之一，视觉设计的目的其实是要传递一种信息，是让产品产生一种吸引力，是这种吸引力让受众觉得亲切。Apple 产品其实就有这样一个概念，就是能够让受众在视觉上受到吸引，爱上这个产品，视觉能创造出受众黏度。

本书第 4 章将深入探讨视觉在界面设计中的问题。

第 4 章
视觉引航

多媒体作品的视觉表现力决定着受众最直观的意识感受。在多媒体作品中，视觉要素的设计完善与否是决定着作品是否能够真正吸引人，是否能够深深地触动人的心灵的关键所在。设计是应需而生的，在界面中，每个要素的存在，每个要素的存在方式的表现，都是由作品本身意义而决定的，是有理由的，有道理的，空穴来风必然是不行的。每个要素的组织安排都是设计师精炼的思维意识的表达。设计不仅是原创的再造，更是要对许多要素进行精心而周密的安排，每个细微的要素的创造、组织、布局……都是设计者的思维意识的高度浓缩。

多媒体界面的视觉要素主要包括文字、图像、色彩等，各要素的有机结合，形成了多媒体作品的视觉审美形象。

4.1

文字印象

　　与图形、图像相比，文字更有利于对抽象事物的表现，文字对于抽象事物的表达意义也更为明确，快速。文字的本身就是集音、义、形三体于一身，比图形、图像具有更多向的表达。例如，概念意义上的"我"和"你"的关系，"我"和"他"的关系相比于图形和图像而言，就更能使人易懂而明确所表达的意思，不会造成思维观念上的偏差。

1 标题文字的创造设计

　　标题文字主要是指除去常规内容阅读文字之外的标题文字。作品的主题标题是整个作品的灵魂，每个作品的意义内涵都承载在作品的主题标题之上。

① 基础字体设计

　　在此讨论的字体设计原则是针对设计主标题或主题词中文字体而言的。字体设计应遵循三个基本原则：识别性、艺术性、思想性

<1> 识别性

　　汉字的基本形态是经过几千年来的沉积而来，字形的基本结构、笔画都已形成了一定的规范性。在对主标题或主题词进行设计时，也可以适当调整字型、笔画，但一定要掌握度，仍要具有文字本身字义的识别性，不能过分追求艺术，而舍弃了文字本身的信息语义的传达。对中文文字的笔画结构进行艺术处理时，要注意主、副笔画的处理。主笔画是指起支撑作用的笔画，像横竖笔画，副笔画是指不起支撑作用的笔画，一般像点、撇、捺、挑、勾。一般情况下，可以加强副笔画的变化，减少主笔画的变化，要确保文字字体的结构框架，确保文字的识别性功能。

<2> 艺术性

文字设计的艺术性要在保证识别性的前提下，努力做到文字的视觉美观，否则就丧失了设计的意义。文字设计的意义是双重的，文字设计不仅要具有美的形式表现，而且文字本身还承担着传达信息的语义功能。设计师在进行文字设计时，一定要注意对称、均衡、对比、韵律等美学原则的运用，还要注意统一性的视觉原则，笔画的粗细、曲直、斜度变化等都要遵循一致性，不能跳跃率过高，而舍掉了字与字之间的相联性。各自为政，结果必是杂乱无章，毫无美感而言。另外，在多媒体作品中，主界面、二级界面上都会具有文字标题，在设计文字标题时，也要注意界面之间的文字标题的统一，不能只顾各自的单一界面的美感，而忽略了整个多媒体作品的整体性，割裂各界面间的联系；同时要注意文字标题设计界面层级的关系，切不可喧宾夺主，混乱多媒体作品的结构顺序。

<3> 思想性

对文字进行设计，不能凭空而来，毫无根据，任其天马行空，这样的设计必是糟糕的设计。文字设计的思想性要从内容出发，对作品的内容进行高度的概括和凝练，概括出作品主题的文字的精神内涵。多媒体作品具有优势的动态表现也是近年来文字设计发展的新方向，无论是静止状态的表现还是动态的表现，文字设计也都要有根有据，要有所思有所想，不仅要符合多媒体作品的内容要求和表现形式，还要具有好的识别性、艺术性。只有充分体现出作品主题的精神含义又具有美的感染力的文字设计才是好的设计。简短的标题文字设计是当页界面内容的高度概括和总结，也是当页界面的艺术表现的高度凝练。因此，标题文字的设计也是多媒体作品中艺术表现的一个设计亮点，就如同"领头标杆"一样，具有领导性。

② 英文字体

随着国际间的文化交流越来越频繁，文化表现不再是单一的呈现方式，而呈现出多元化。英语已然成为国际上通用的语言，设计也顺应着时代的潮流，也有越来越多的设计师在设计中加入了英文的使用，使民族与国际结合、传统与现代相结合，与时俱进地体现新时代的新气象。在设计作品中，设计师常常设计主标题或主题词时，常常会使用中英文双语相结合的方式，来加强作品的时代感，丰富设计的内容。但在使用英文字体时，由于对英文字体的认知有限，会造成一定程度上的设计误区。设计师不能以单一方面的审美意识为标准，无法得到广泛认同的作品并不能成为优秀的设计作品。因此，我们在使用英文字体时，也要对英文字体有一定的认知，才能使作品更加完美（见图4-1）。只有受众与设计者具有共同的认知，作品才能使受众与设计者产生共鸣。

英文字体自古就是横向书写，因此字母间的高度相对统一，而字母的宽度宽窄变化不同。中文自古是竖向书写，自"五四"运动受到西方文化的冲击，文字的编排方式由竖向转变为横向，一直维持至今。中文字体的竖向排列也是维系着古代竹简的自右向左的顺序，在所有的排版软件中，竖向排列就只有自右向左的排列方式，这是长期以来大众的普遍认知，不能随主观意识而改变。众所周知，在繁体中文文字的编排方式依旧维持着这种竖向自右向左的排列。如果强求英文字体的竖排，就会造成可读性在一定程度上就相对减少，而更多地转变为只具有装饰性。

字体应用最为广泛的就是衬线体 (serif) 与无衬线体 (sans serif)，见图 4-1。衬线体里的英文字体经典代表就是 Times New Roman，与之相对应的是中文字体是具有装饰线脚的宋体。无衬线体里的英文字体的经典代表是具有典型现代主义风格的 Helvetica 体，与之相对应的是中文字体中的黑体。中文字体的黑体原本就是受到西方无衬线体的影响而出现的一种新型字体。Helvetica 体是应用最为广泛的英文字体。Helvetica 体是 Mac 系统默认的字体。Arial 也是属于无衬线字体，Arial 是微软开发的系统默认的字体，与 Helvetica 体近似，但并不是从 Helvetica 发展而来。中文字体库中的英文字体最好能够避之慎用，中文字库的英文字体往往不够完善，字母与字母间的空隙、间隙处理得不够完美。设计师最好对英文字体做适当了解，谨慎地选择英文字体，使中英文混排达到完美的状态，这也是每个设计师造就美的职责。

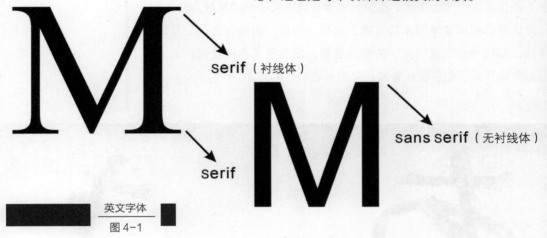

serif（衬线体）

serif

sans serif（无衬线体）

英文字体
图 4-1

③ 动态文字设计

随着信息时代的到来，世界走向了多元化，艺术设计也随着世界的多元化要求也呈现出了多元化的艺术表现，与此同时，从事艺术设计的设计师也正朝着多元化、多思维的方向发展，表现为设计手段的多元化，更表现为设计思维的多元化。信息时代的要求已经使静态的媒体跟不上了时代的脚步，动态交互的媒体更契合这个时代的特征。生活重心的天平也越来越倾向于动态的交互媒体，这也带动了对于传统的静态的二维状态的文字进行重新的思考。人们对动态、可交互的媒体表现出的高度的热情，也促使着设计师开始思考几千年来保持二维的状态的静止的文字，该如何向三维、动态、交互的方向发展，如何使文字设计跟上时代的潮流，颠覆几千年不变的历史。文字的动态设计是 21 世纪整个时代的呼唤，是整个文字领域最根本的变革。

传统的文字交互认为，静止状态中的文字，在阅读的过程中，会随着受众的阅读成为人类思维的一部分，而这一过程就被视为文字与受众的动态交互。这种文字的动态交互的方式是间接的，是无形的，是通过承载着文字的纸质媒介（中间媒介）与受众进行交互，而不是文字与受众直接进行交互。而多媒体技术的广泛应用，能够使文字真正实现与受众的直接交互，不用再借助于中间的媒介进行转述和承载，形成直通性。

就多媒体的特性而言，多媒体作品中的交互动态表现是多媒体作品的优势所在。过去常常以静止状态存在的文字在多媒体中又重新寻找到了新的发展方向。几千年来传承下来的二维的静止的文字，现在终于可以借助于多媒体的技术手段，可以以动态、交互、三维的新形象展示给世人，从而打破了文字几千年来一成不变的陈腐而又老旧的状态，使得文字不再仅仅以阅读为主旨，感受和体验将成为文字新的发展方向。

无论是多媒体技术带来的三维、虚拟、仿真、四维，还是交互的技术手段，都进一步促进了文字的变化发展，拓宽了文字的空间，为文字的创新发展开拓了新的设计领域，见图 4-2、图 4-3、图 4-4。

图 4-4

图 4-2

图 4-3

在进行文字的动态设计之前，文字的静态设计是动态文字设计的基础，只有好的文字形态基础，才能设计出出色的动态文字。

② 文字的应用设计

① 基础字体设计

生活方式是文化的具体内容和形式，也是设计的重要出发点和核心。设计的发展随着生活方式的变革而改变。不同的时代技术决定了不同的承载物，从而衍生了不同的字体。从甲骨文到楷书再到印刷字体，再到当今的像素字体，整个文字的发展的历程经历了一个又一个新的变革，每一次的变革和创新都会带来的新的生机。数字时代的到来，使得传统的静态文字走向了动态，使得传统的纸质媒介的承载体逐渐转向了电子媒介，电子屏幕的文字显示成为了当今时代的关注的焦点。

就基于计算机屏幕之上的文字的显示而言，应用于中文文字的良好的像素字体有微软委托中易中标电子信息技术有限公司为其制作的"宋体"和中国方正集团设计的"微软雅黑"。这两种字体是目前所有的屏幕显示从手机屏幕到计算机屏幕上阅读性最好，也是网页页使用最为普遍的两种字体。传统的用于印刷的印刷字体并不真正适用于液晶屏幕的显示。就多媒体作品的本身而言，多媒体作品的呈现毕竟是以计算机屏幕为基础媒介，因此，作为一个多媒体的设计师，必须考虑到受众会观看多媒体作品的各方面，并不是拥有美观的形式就是全部。作品的内容的呈现才是支撑整个作品的关键，所谓的内容并不是指作品文字内容含义，而是指内容阅读文字的阅读和使用情况。

根据不同的受众群，文字的字体和字号都要有所区别。我们常常会听到年长的人面对着计算机屏幕会抱怨说，看不清屏幕上的文字，或者时间长就眼晕，这其中很大的原因就是源于现在网页上的文字常常为 16px，而对于上了年纪的人来说，18px 更为适合，能够在一定程度上解决年长者阅读疲乏的问题。那么在设计多媒体作品时，我们要考虑作品所面向的受众群，是否需要在作品中安排两种字号的选择，来满足不同的人的需要。

在此要强调的是，对于最为常用的像素字体"宋体"和"微软雅黑"一定要注意字号的选择。虽然"宋体"字和"微软雅黑"字在计算机屏幕上的显示具有极好的清晰性，但当其超过一定字号时，字的笔画边缘就会出现锯齿状，其显示效果并不如传统的印刷字体效果好。因此，设计者应当根据多媒体作品的具体要求，做出不同的调整。

② 页面文字的编排与组合

在一般情况下，内容界面中的文字字体的选择不要超过三种，一个界面上出现过多的字体种类会给观者造成严重的视觉错乱。如果希望能够增加更多的变化，也可以尽量选择相同字体的不同字族。例如，以方正字体为例，一级标题为方正超粗黑体，二级标题为方正大黑体，正文为方正黑体。虽同属同一族系，其中又存在着许多微妙的变化。

在实际的界面设计中，字体种类少的界面具有雅致、稳定的感觉，而字体种类多的界面往往看上去更为活跃丰富。字体种类多少的选择，要根据作品的具体内容而决定。

字距和行距是多媒体作品具体内容设计的主要工作，界面中的字距和行距的设置体现着设计师的设计品味，并直接影响到观看者的直观心理感受。一般与字距尺寸相近的行距设置比较适合于正文的阅读浏览。行距的常规比例为10:12，即字为10磅，行距为12磅。适当的行距有助于视觉的连续性，由于人眼的横向生长，横向的阅读方式更有助于阅读，一般一列不要超过35个字，显示的区域最好不要超过屏幕的范围。除去阅读性之外，行距的本身也是具有很强的表现力的设计语言，对行距做有意识的设计处理，能够体现出独特的审美意识。加宽的行距具有轻松、舒展的感觉，适用于娱乐性、抒情性的内容。在一个界面中，宽、窄行距并存，设计师对其进行有效的安排，可以增强界面版面的空间层次和弹性，独具匠心。

科技文明的快速进步，繁杂的信息充斥着世界的每个角落，数字化的生存方式已经促使着生活走向了新的需求，新的生活方式迫切地急需地追求着改变。自计算机诞生以来，互联网的出现，使整个世界相互联系，文明的进程也由单元文化进入了多元文化。信息时代的变革，改变了整个世界的面貌，也带动了整个生活需求的改变。过去以传播信息为己任的文字，在数字化的信息时代也不再满足于过去单一的传播信息的功能，而开始追求感官感受，无论是视觉、听觉、触觉，似乎文字都要向着多样性进化。安于现状并不能满足于这个当今时代的要求。

计算机出现后，文字发生了翻天覆地的变革。过去的手绘文字，讲究的是文字的基本形体和结构。自计算机字库的出现，使得文字的设计写出现了新的篇章，迈向新纪元。现在的设计师已经不用花费大把的时间和精力去练习各种各样的标准字体，只需做到认字即可——识别各字体的不同，节省了大量的时间，设计师可以把更多的时间和精力放在文字的变化应用上。随着对新领域的探索，文字的实验性、偶然性和仿声性的出现，也加大了文字的应用范围，扩展了文字存在的意义。计算机的诞生引发了文字设计的革命，图像化的文字与图像之间的界线也越来越模糊，使文字设计的表现开创出新的表现方式。

实验性：设计师不再遵循过去习惯定式，大胆尝试文字"切割"、分解或并置错位加以随机变化等各种创新的手法，以满足视觉上的快感和冲击力，以其夸张的表现，感性的情感表达为特征，显示出探索新的发展空间的实验性，见图4-5。

偶然性：在计算机便利的优势下，各种文字就如同设计师手中的"玩具"，设计师可以随心所欲地玩味文字。唾弃固有的规则模式，跟随着设计师自我的感性，按照自我的意识语言安排文字，借以文字来宣泄情感，具有很强的主观意识。文字设计的偶然性更多地在于文字的随机性、不可预知性和不可重复性，见图4-6。

仿生性：借助于多媒体的表现方式，不仅可以通过多媒体的特殊性，让文字具有人的特性，更能够打破文字的单一性，让文字能够跟随人变化，使受众的行为与作品相互影响，形成紧密的联系性，更增加了趣味性，见图4-7和图4-8。

《Domus》的封面设计
图 4-5

意大利艺术、建筑杂志《Domus》的封面设计
设计者：威廉·克莱因，
1961 年，于纽约

偶然性的文字编排
图 4-6

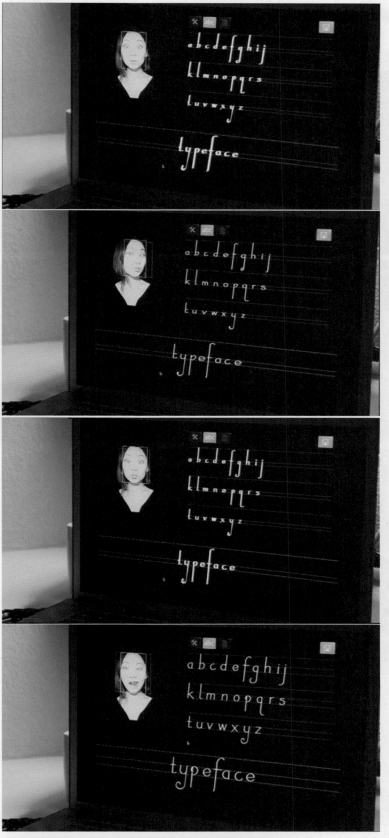

作品《TYPEFACE》是使文字根据人表情的不断变化而做出相应的改变，使得文字和人一样具有了表情。

《TYPEFACE》

图 4-7

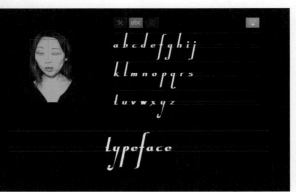

《TYPEFACE》

图 4-8

<1>　文字图像化

文字的图像表现更多地是指向纯粹的视觉表现，摒弃传统的文字本身具有的音、义，纯粹发展形的特征，无限放大、夸张，加大文字图形的视觉张力，文字图像表现的主旨是视觉的感官体验，见图4-9。

文字图像化

图4-9

文字图像化的表现是将文字的本身视为图形，抛弃文字本身的字义、传播信息的功能性，将文字本身的视觉美感放大，笔画与笔画的空间架构，正形与负形间的空白间隙的控制，都被视为图形的表现元素之一。

当文字庞杂、色彩多变、字体大小杂乱地叠加在一起时，这时文字的识别性已退居二线，而艺术性视觉的审美上升为首位，这时的文字早已超越了字义信息传达的本意，而直接起到了扩张视觉冲击的作用，见图4-9。

文字是最代表每个民族的图形符号，也是承载着每个民族文化精神的活的载体。汉字的本身就是形象文字，汉字本身就具有图形的基础，随着文明的发展演变，汉字也具有了抽象性，尤其体现为应用最广的中文简体字，但一定程度上，汉字也依旧是保留着图形性与抽象性共存的特征。运用文字作为图形的编排模式，更具有民族的代表性，指向性也更为明确。

汉字的本身就具有象形的意义，也是至今仍在使用的活的象形文字之一。中国这古老的汉字本身就具有着图像化的视觉语言权，在文字图像化的表现方面具有着得天独厚的优势。

<2> 图形构成的文字

图形构成的文字借以图形重构文字，力求通过图形重构字形来传达文字的语义，传播文字承载的信息。图形构成的文字更多地强调的是文字的识别性，让图形具有文字的传播字义的功能，又具有很强的艺术装饰性，使图成为字，从而赋予文字以新的生命，追求视觉上的感官刺激，见图 4-10。

图形构成的文字

图 4-10

文字的设计不应仅仅局限于文字的设计表现的形式和手法，而应致力于思维创新。只有具有灵魂的设计作品才会具有生命力，否则只会是一张皮囊，没有灵魂和生命的设计存在也就毫无意义而言。

图形构成的文字更多地是指向后现代主义，与现代主义的清晰、理性、强调功能性、实用性的理念相违背，刻意追求不定式的、模糊的，随意的表现。在此，文字的图形表现力和视觉张力成为了整个作品的视觉中心，以满足视觉感官的强烈需求。与此同时，图形构成的文字还具有传达语义的功能。在一定程度上来讲，图形构成的文字是用图形来重组文字，是将图形文字化。图形构成的文字虽与文字图像化一样，同样都是以视觉感官的冲击和张力为首旨，都是以视觉审美为出发点。两者不同的是，图形构成的文字设计是从图形、图像出发，而文字图像化的设计是从文字的本身出发，使文字转变成图。图形构成的文字设计和文字图像化的设计都是艺术表现高于功能需求的设计，强调视觉的形式美感，追求的是艺术性的表现，摒弃的是功能主义。

4.2

图像的魅力

在信息快速传播的今天，图像的传播速度远远超越了文字。当今时代也成为了读图的时代，处于这个时代的我们将我们所见的图像与事实等同了，我们从图像中接受信息。快速的生活节奏已经让忙绿的人们停不下脚步细细咀嚼，品味文字，而快速又直通五官感受的多媒体的信息表达方式正逐渐日趋而上成为主流。在五官感受中，视觉占有主导的地位，在认知上，图像具有直观性又通俗易懂的特点，不会造成不同文化背景对图像信息表述的偏差，同时图像具有很强的指示性，对于不同的人意味着不同的意义，也不免会使人对同一个图像产生歧义。图像相比较于文字而言，对于事物的描述表现更为具象，图像所引发的思维的发散方向也更是集于几点之上。多媒体界面中对主题主旨的图像表现的过程也就是将抽象的意念转向为具象的意念的过程。可以说，图像是感性的表达，而文字是理性的表达，图像是情感迸发的显性的表达，而文字是情感迸发的隐性表达。图的使用是为了使受众能够从中获得所要的信息并补充完善作品内容的主旨，图像（或图形）的使用不是摆设，发挥不了作用的事物就没有存在的价值。

1　读图心理

科技的飞速发展带来了信息的大爆炸，迫使接受信息的方式由传统的被动转变为主动，从过去的报纸、广播、电视被动的接受信息到现今的互联网、多媒体的主动选择，无论是科学技术的支撑还是社会时代的需求，今天的信息传播已经进入了以受众为中心的新时代。这是个消费信息快餐文化的时代，大量信息充斥着每个角落。"大"、"快"是当代社会现实的写照，巨大的社会压力、快速的生活节奏使得现在的人们要在最短时间内接受最大量的信息。快速阅读是当前社会所必须的生存的社会需求，由于图像（图形）具有的直观、快速传达信息的功能，使得图像（或图形）成为适应这一种需求的最好的元素。社会的发展迈进了"读图的时代"，反映为受众对视觉图像的阅读倾向。

①　简单化的接受心理

人们获取信息的方式 60% 来自图像，视觉的感官在信息的传播中占有重要地位。信息的大量传播，社会节奏的加快，巨大的生活压力，使得现在的人们无暇潜于研读抽象的符号——文字附于的信息，人们更乐于接受直观的、快速的、简单的、形象的图像（或图形）传达的信息。在这个时代，谁掌握着信息的量越大，谁就是赢家，这是个讲"量"的时代。这个时代更是个主张自我、主张个性化发展的时代，每个人对事物都具有自己的看法和评价，多元的发展使得具有无限变化、直观的图像更切合了时代的潮流。

②　选择性阅读心理

在大量的信息面前，人们常常显得力不从心，面对汹涌而来的海量信息，一味接受是无法应对的，这就迫使人们不得不开始自主的选择，选择主动的接受，将毫无影响力的信息摒弃一边。在伴随着图像（或图形）也快速传播信息的同时，信息的量具有了大的广度，却丧失了深度，受众对信息的接受只能停于浅层、间接的、短暂的事实。而每个人的本能都会自主地建立自己的体系，并在此基础上进行自主地选择阅读。当今时代也是受众为主的时代，每个受众群都有自己的喜好和偏爱，每个人都有自主性，他们根据自己的喜好，选择自己所需要的信息。

在设计多媒体作品的时候，就要提前做好调查分析，明确受众群体，选择合适的视觉语言，使作品信息的传播实现最大优化，实现选择阅读的明确性。虽然每个人的兴趣点不同，选择性也不同，但人们对具有视觉冲力的事物都会给予更多的注意。每个受众都有权选择观看自己喜好的和不喜好的作品，这是无可厚非的事实，而设计师的职责是能够更多地吸引受众，使他们能够更多地对作品产生兴趣。多媒体作品是一个内容信息体系十分完善的作品，作品更多的不是点到即止，而是深入地、具有体系地对作品主题进行诠释。在这个信息量大、探知度只停于浅层状态、持续时间短暂的现实中，多媒体作品深入、系统的信息的传播可以说是对浅显、短暂信息的补充。

2　图形与图像

图 4-11
图 4-12

图形与图像同属于图的范畴，是界面中存在的必要元素，也是引发视觉冲击的最主要的因素。图形，通常指出于人自发的绘制的画面，有人为的参与性，见图 4-11。在国外，特别是欧洲国家和北美洲国家，图形设计是一个专门的职业，如今图形设计师已为人们广泛认可。图像是指对真实现实的再现，不加有任何人为作用地、忠实地反映事物的客观存在，见图 4-12。相比较而言，摄影师从事的是关于图像的工作，而设计师从事的是关于图形的工作。在设计的过程中，对图像的应用更多地是出于对当前的作品内容的诠释目的。设计师可以按照自我的思维意念，对图像进行再加工，再创造，使图像完全符合设计师的设计思想，从而更好地为作品服务。

③ 图像的选择

图形主要来源于人的思维意识，是按照人的大脑的思维进行创造，是人的思维意识的反映，属于人为行为的产物。图形是设计师按照自我所要传达的思维意识而自主创造的新事物，是思维意识的再现，因此图形是创造性的也就不具有选择的问题。而图像是对真实的现实状态的再现，具有客观性。那么，选择什么样的图像，什么样的图像在设计作品中能更好地为我们所用？这里对于图像的优秀选择也有几个标准：

❶ 画面清晰有立体感。

❷ 具新闻或历史价值。

❸ 具体呈现事物焦点，增强文字描述。

❹ 具有真实性与可信性，具有新的视觉感受。

❺ 包括一定信息量。

❻ 具有趣味性、欣赏性。

❼ 合乎社会道德规范。

就多媒体界面中图像的运用而言，选择一张画面清晰的图像是选择优秀图像的基础。模糊的图像在平面的作品中能够通过联想使心理产生动感，而多媒体作品本身就具有动态的表现手段，能实现真正意义上动态的表现，不需要借助于能够产生动态心理感受的静态图像来表现动感，这也是多媒体作品的独特性所在。一张具有画面清晰、富有立体感又具有表现意义的图像会更有价值性，更能突现出作品主旨的意义。在多媒体界面中具有典型新闻价值或历史价值的图像能够增加作品的真实性和可信性，更能突显作品的主题，即所谓的扣题，也正因此，具有典型新闻价值或历史价值的图像能够成为作品主题的代言人。设计师利用图像表现设计思想的目的也是使图像能够对作品的主题主旨进行诠释。诠释主题是设计的首要任务，其次才是美观。当然，设计师所从事的就是关于美的工作，设计师的工作就是将需求与美进行完美结合，使最终所得既能满足需求又具有美的感受。

对图像进行选择时，首先要明确的是选择图像的目的，图像在界面中所要起的作用，所期望的图像希望在界面中能够达到的效果。在明确这些既定的目标之后，按照既定的目标有意识地进行图像选择和分类。所选择的图像要与整个作品的主旨相统一，在作品中使用图像的目的是为了支持作品信息的传达。图像与文字的结合，图像与文字的相关性，也是界面设计的重要的一部分，图像与文字的关系是相互互补的关系，图像能够将文字抽象传达的信息具体化、形象化，文字能够对图像进行具体的说明、阐述，能够帮助图像减少易引发的歧异性。图像与文字的完美结合能够远远超过图像与文字单独存在的意义。图像与文字的结合是具体的与抽象的结合，具体与抽象的互补能够有助于作品内容信息的传达。例如，在一个讲述中国印刷发展史的多媒体作品中，作品中用十二个章节按照不同的时代顺序来讲述整个印刷发展的历程。每个二级界面都是代表着一个时期、一个朝代的特征。比如，在讲述"繁荣昌盛的宋代印刷"二级界面时，不能把明朝才有的东西放在了讲述宋朝内容的界面上，这就犯了驴头不对马嘴的毛病。首先，物体出现的时代的顺序就不对，明朝在宋朝之后，怎么能把在明朝才产生创造出的东西放在早明朝好几百年的宋朝上，图像与信息表述毫无联系，不光是驴头不对马嘴，更糟的是资源的严重浪费。

还有另外一种情况，就是图像与文字的叠加。当图像与文字叠加在一起时，对视觉具有更大的吸引力，视觉的注意力会集中到图像与文字的叠加的部分上去。在一个完整的图像图片中，任意选择其中的一小部分将文字叠加在上面，视觉的注意力会自觉集中到加有文字的部分上去，加有文字的部分会更突出。一个加有文字的图像远比以单独形式存在的图像更具有视觉吸引力，见图 4-13。

图像与文字的叠加

图 4-13

最后，要尊重每个优秀的摄影作品，要小心谨慎地使用每个摄影师的心血。根据所要的，选择所需的，不要在模棱两可的基础上随意添加、修改。比如，本来是在黑暗的环境中，拍摄的灯光下的图像非要改成日光下的图像，就算图像选择的意义再好，更改后的图像的质量也会受到严重的损坏。要尊重摄影师劳动的心血，摄影师的经验必定更丰富。

图像与图形虽然是不同的两部分，都同属于"图"的范畴，对于"图"的基本原理准则都是通行适用的。

④ 图形与图像的面积

在界面中的文字是靠文字的表意性直接传达信息，而图像（或图形）则是靠形象来传达信息。文字是理性的，图像（或图形）是感性的。相比较而言，图像（或图形）则更可以能动地直接传达情感。视觉研究表明，当三个面积相等的图像（或图形）排列在一起时，视觉的注意力会更集中在中间的图像（图形）上，而大面积的图像对视觉具有更强的吸引力，被放大后的图像（或图形）具有更为强烈的视觉冲击力。图像被放大后，界面看上去会显得更加新鲜，图像过小时会显得更为精密、细致。在一个画面中，视觉主要追寻的顺序是，先看图片，再追寻标题，然后是追寻小的文字内容。界面中图像（或图形）的大小往往由其在视觉上或情感上的重要程度来决定。我们通常将重要的、精彩的、希望读者能很快认知的图像（或图形）在界面中占有较大的面积，以便能够吸引视觉的注意，从而使印入脑海的对作品的第一感成为主导。

在界面中，图像（或图形）被放大后，界面看上去会显得更加新鲜，更能引发兴奋、刺激感，视觉的冲击力更大，特别是年轻人更是对大的照片情有独钟。当图形或图像的面积被扩大后，视觉效果往往使人更加舒服和愉快，更具有兴奋性。对图像（图形）进行放大，能够引发受众更多的兴趣。一张被放大的图像（或图形）远比未被放大前更具有吸引力，更具有视觉冲击力。

以多媒体作品《盛世钟韵》中的二级界面"艺"为例，见图 4-14。在这个界面中，被放大的图像成为主题，整个画面气势磅礴，钟的图像与整个画面的气氛浑然天成，"钟"的图像引发了巨大的视觉冲击，吸引了整个视觉的中心。在这个界面中，仅仅通过"钟"的图像的展现，就已经使受众能够领悟到作品的主题含义。而相对地，钟的图像（或图形）缩小后，视觉的吸引力会大大减弱，视觉对其的注意力也会自觉降低，界面容易显得过于拘谨，产生畏缩感。对于图像（与图形）的放大与缩小，设计师都要有一定"度"的把握，按照作品所要表达的信息，选择出合理的图像（或图形）表现的方式，为信息快速而有效的传达提供基础。

多媒体作品《盛世钟韵》二级界面之《艺》

图 4-14

设计的过程也是对"度"的把握的过程，设计师要拿捏准确，一味地靠图像（或图形）放大来吸引眼球的注意，并不能获得所希望的效果。放得过大的图像（或图形）反而给人以膨胀的感觉，并不能赢得特别的注意力。大和小都有自己的作用，有对比才能产生节奏性，有节奏才能使曲子悦耳好听。光是一味地大，一味地小没有变化，就只剩下单调乏味，就会成为视觉上的噪音。图像设计的基本观念应该是要有"度"的掌控界面上的图像的面积大小的变化，面积大的图像更吸引眼球，给人以视觉冲力，产生新鲜感，而小的图像（或图形）也会吸引视觉注意，而且可以产生一种精密的感受。

⑤ 图形与图像的方向

① 静态的方向性

据研究成果表明，在说话发声之外，人类还有一种称为身体语言的传递信息的特殊方式。如"眉目传情"就是指通过身体语言传递信息方式中的一种。带有方向性的图像（或图形）也是同样的道理，具有方向性的图像（或图形）能够通过方向性传达作品所要传达的情感感受，从而引发作品产生可动性，实现图像（或图形）在心理上的动态感，因此在本身就具有动态优势的多媒体作品中实现动态的表现方式具有多样的选择性。又因为真正意义上的图像（或图形）的动态的表现方式的制作，远远比以静止状态存在通过视觉引导作用而引发的动态感的图像（或图形）的制作复杂又耗时，因此，借用后者，达到同样实现动感感受的目的方式也不乏是一种省力的办法。

在界面设计中，以静止状态存在的通过视觉引导作用而引发的动态感的图像（或图形）的设计表现方式也是引发动态感受的方法之一。在多媒体作品的实际设计制作中，选择用静止状态存在的通过视觉引导作用而引发的动态感的图像（或图形）能够为多媒体的制作节省大量的时间，也能够节省工作量，从而能够一定程度上减少人力、物力的消耗。对于界面中动态的表现，无论是心理上的还是真正直观感受上的，无论是以静止状态存在的通过视觉引导作用而引发的动态感的图像（或图形）的方式还是真正意义上的动态的图像（或图形）的方式，只要能达到预定的目标，符合整个作品的设计要求，能够完善作品信息、情感的传达，就是适合的选择。

同时，利用图像（或图形）的方向性是营造整个界面富于视觉冲击力的一个有效手段。通常，图像（或图形）方向感强的界面会产生强的视觉感应，一般而言，具有动感的事物比静止的事物更能引起视觉的注意。在界面中，方向感强的图像（或图形）会引发视觉的强大冲击，刺激视觉的感官，引导视觉的焦点。因此，利用图像（或图形）的方向性，是抓住眼球的有效手段。另一方面，由于方向感强的图像（或图形）能够引发视觉的动感，使视觉的视线会紧紧跟随着图像（或图形）所产生的心理动态的轨迹运动，从而图像（或图形）的方向性也可以起到引导视觉流程的作用，见图 4-15。

一般而言，倾斜的图像（或图形）会给人一种不稳、下滑的感觉，使人产生滑动的错觉，而水平或垂直的图像（或图形）会给人一种的平衡而稳重的感觉。方向性不同，视觉语言也不同，图像（或图形）方向感强的界面会产生强烈的视觉冲击力。在界面设计中，物体遵循水平线和垂直线的排列方向的界面，更趋向于高雅、稳重，呈现水平方向的界面有一种视野开阔的感觉，呈现垂直方向的界面有一种视野高耸的感觉；而物体倾斜排列的界面显得更为活泼、新鲜，有一种运动变化的感觉。

静态的方向性

图 4-15

② 动态的方向性

　　在多媒体界面中可以有很多动态的动画表现效果，作品借以动画的形态来丰富作品的主题，加强视觉的冲击，引起受众的兴趣，以完成传达信息的目的。静态的方向性是借以联想而引发的心理的动态感。动态的方向性虽然是实现了真正意义上的动态的效果，但居于二维空间中的动态方向性的选择也会受到一定程度上的局限。在一个界面中，动画的时间是一定量的，但界面中的停留时间是不定的。这就出现了一个问题，当界面中的动画播放完毕之后，怎么办？以静止的状态存在吗？一般情况下，附于界面上的动画都会实现循环播放，这就涉及了动态的方向性的问题。我们明确在一个画面中表现动态的运动时，是画面的主体在运动还是画面的背景在运动，二者选一，都可以实现动态的运动感。

图 4-16

图 4-17

多媒体虽然比传统媒体具有实现动态表现的先决条件，就目前而言，多媒体界面依旧是二维占主导，在二维画面上运用动态的表现以造就时空感，这也是动画的基本原理。既然是二维的画面，就只具有横向和纵向两个维度，在二维上加有动态的方向性又可以使视觉产生虚幻的三维的感受，使画面具有深度的空间。在二维状态中，运用动态的方向产生的深度空间更为广泛，物体可以无限退后、消失，可以任其思想对深度的边界发挥无限的想象，相对而言，广度的空间会使动态的方向性的选择受到一定的限制。

就画面中的主体物运动而言，方向性明确的动态不易进行单帧动作的重复，见图 4-16 和图 4-17。

在界面中，如果将图 4-16 和图 4-17 做成动画，要使动画和整个界面背景相结合，成为界面的组成部分，那么运用方向性明确的图 4-17 进行动态表现时，就会造成循环无法连接的问题，而不具有明确的方向性。图 4-16 就可以很好地解决这一问题。作为单独的动画效果来讲，首先是方向性强的运动的动态必有动态的运动轨迹，主体物的运动方向必是沿着动态的运动轨迹运动，是以纵横二维度方向的运动，不光要使运动的主体物具有本身的动态的变化，还要具有位移的变化，这才算完成一个以纵横二维度方向运动的完整的动态表现效果。当然，主体物不动，背景运动也是表现动态的方式之一。但就多媒体作品而言，界面是整个信息的承载体，不宜适合整个大的背景的变化，容易扰乱信息的传达。当图 4-17 以动态的表现方式，沿着运动的轨迹，从画面的左边向画面的右边运动并运动出画面的边框时，如果在这时实现动画的重复，运动的主体又从画面的左面出现先前的运动，整个运动的衔接就会使人感到不适，这时的动态表现效果会大大降低界面的视觉美感，破坏整个界面的艺术效果。在界面中，使用方向性不明确的图 4-16 来制作动态的表现效果时，这时的动画的动作表现仅可以靠单帧动作重复来完成整个动画的动态效果，因为方向的不明确就不会产生位移的问题，也就不会具有动作运动的轨迹。这时，动画的反复循环也不会造成衔接的不适，整个界面也会由于具有无限向前的动态表现效果，加强了界面的纵深感，也帮助界面扩展了深度的空间。

6　图形与图像的数量

　　图像（或图形）比文字更具有吸引视觉的能力，图像（或图形）的数量也能大大影响到受众的阅读兴趣。在界面中，图像（或图形）超过了三幅以上，界面的直觉感官就会增加，图像（或图形）的重要性也会随之加强，视觉的焦点会更多地集中到有图像（或图形）的部分上去，而与此相对的文字的重要性就会被大大减弱，成为界面中的辅助部分。在多媒体界面中，传达作品具体内容信息的部分往往是在作品的三级界面上，在以文本的方式传达信息的界面上，借于上述原因，要对图像（或图形）的数量加以有效控制，不能让图像（或图形）阻碍了信息的传达，使图像（或信息）和文字本末倒置。而在以通过图像（或图形）的方式传达信息的界面上，可以加强界面中的图像（或图形）的数量，以加强界面的视觉感官冲击力。由于图像（或图形）传递信息的速度比文字传递信息的速度要快，从而可以利用图像（或图形）加快界面上的信息传达的速度。但只有图像（或图形）没有文字的陪衬就会使界面感觉单调乏味，毫无生气。

　　在一个界面中，图像（或图形）的数量过多会产生繁杂拥挤的感觉。界面上的图的数量越多，运行的速度也会受到影响，在单一界面上停留的时间越长，越会导致用户最终失去耐心而选择离开，要有效地控制图的数量，调控图与图之间的关系，以达到最终通过图传达信息的目的。图像（或图形）的数量越多，重点也就越变得模糊、不可辨，这时可以通过调节图像（或图形）的明度、纯度或加以动态表现等手段，使图像（或图形）之间形成对比，突出重点，从而吸引视觉的重心。在图像（或图形）上加有文字，也是可以

多媒体作品《边城》四级界面之《鼓王风姿》

图 4-18

起到使重点图像（或图形）突出的作用，加有文字的图像（或图形）更会引起视觉的注意。

因此，在设计时，要对界面上的图像（或图形）的数量进行有效的控制，使图像（或图形）在界面中能够更好地发挥优势，见图 4-18。

7　图形与图像的处理

从心理学的角度考察，人们对图像具有惯性识别的能力，一般情况下，关于人的图像是最先能够引起视觉注意的，其次是动物的，之后是静物的，最后是风景的。所以，应选择出合适的图像作为作品信息传播的最好载体，见图 4-19。

在前面有讲过选择清晰的图像是图像选择的最基本的原则，而在现实的设计中，设计师都会不得不遇到一些图像（或图形）素材质量差但又不得不用的图像（或图形）素材。质量差的素材图像（或图形）会使界面看上去十分粗糙、不考究，甚至还会使作品的整体艺术水平大

图 4-19

打折扣。对图像（或图形）进行有效的处理，能够减缓图像（或图形）自身条件的不足，弥补缺陷。图像（或图形）的处理就是对图像（或图形）进行人为的再加工、创新，以制作出能够符合或完善作品要求的图像（或图形）。对图像（或图形）的处理方法不仅适用于素材质量差的图像（或图形），对于质量好的图像（或图形）也同样适用，并能在设计中起到事半功倍的效果。

① 化网处理

图像（或图形）的化网处理，是通过减少界面中部分区域的图像（或图形）的层次来实现的。对资源有限、素材质量不高的图像（或图形）进行处理时，可以采用化网处理的方式来有意弱化画面的清晰度，使画面中原来多层的空间层次关系减少到两层或几层的关系上，使天生劣质的缺陷转化为有意的人为，在一定程度上可以弥补缺陷，完善画质。在同一个界面中，进行化网处理的部分区域的图像（图形）和没有进行化网处理的部分区域的图像（或图形）会形成鲜明对比，没有进行化网处理的部分会更突出，见图 4-20。

化网处理
图 4-20

在这个画面中的背景图像上就加有了网点，使得原来的空间的层次减少到了两层的空间关系上，弱化了图像本身的不足，使整个画面的画质得到完善。化网的方式有很多，如加有统一规矩的网点和网格、或小的十字加号、或一致简单的图形（图案）等，都是以减少画面的层次关系为目的的。

中国平遥国际摄影大展招商手册

图 4-21

在图 4-21 中，画面的次要部分的区域加有细线的网格，主要的表达事件的人物部分没有加有细线的网格，这样加有网格的部分与未加有网格的部分形成了鲜明的对比。加有网格的部分会相对显得距离后退些，未加有网格的部分会使视觉产生向前跑的感觉，这样就使得画面中所要表达的事件主体更为突出明晰。

图像（或图形）的虚实处理即将界面中次要的部分虚化，可以通过降低色彩的明度和纯度，使次要部分虚化，以达到将主要部分实化突出的目的。在多媒体作品中，由于多媒体本身具有动态表现的特性，可以实现动态的虚实转化。在动态的虚实转化的过程中，对当前次要部分通过降低色彩的明度和纯度以形成虚实对比的关系，使所要强调的部分实化出来，使当前的主体变得更为明确。虚实的对比关系能够使空间感加强，虚化的部分会使人产生事物向后退的感觉，实化的部分会使人感觉距离更近一些。就如同现实生活中，处于近处的事物看得更为清楚，位于越远处的事物就会越模糊不清，虚实的对比越大，表明空间的距离就越远。在静态时，对图像（或图形）进行的虚实处理，能够使单一图像（或图形）上的部分重点区域突出，虽然强烈的虚实对比能够在一定程度上弱化图像（或图形）本身质量不足的缺陷，但没有优质的图像（或图形）来得干脆，见图4-22。

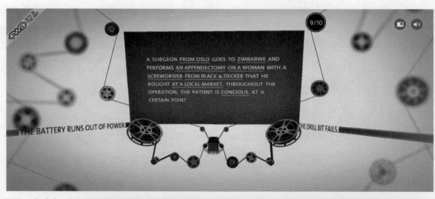

虚实处理

图4-22

③ 色彩与灰度

图像（或图形）的色彩与灰度的处理就是将界面中的次要的部分转变成灰度的色彩，只保留界面中主要部分的色彩，以突出界面中的主要部分。在灰度的环境中带有色彩的部分会显得更为突出，更容易成为视觉的焦点。在电影《辛德勒的名单》（见图4-23）中，整个电影都是黑白——

电影《辛德勒的名单》

图 4-23

单色的色调，只有那个小女孩穿着的红色裙子是那么的红艳艳的红，那艳丽而又刺眼的红成为了整个画面中的焦点，在面对着大街上的混乱的和各式各样人物的悲惨的狰狞表情，人的视觉会不由自主地忽略掉那些处于灰色调中的悲哀，所有的视线都被那红艳艳的红色吸引。《辛德勒的名单》中的那个红色的 裙子是电影中最为印象深刻的部分，即使是时间长远记不清故事的段落情节，记不清那个小姑娘的长相，但那抹红色却是永远难忘的。在整个一部都是黑白色调的影片中，只有小女孩穿的那个红色的裙子保留了色彩，红色与灰色形成鲜明对比，使得那抹红色在灰色的映衬中更为艳丽， 就像血的颜色，刺的人心痛。这也是作品所要传达出的感情所在。在灰色调中傲显出来的红色不能说是整个电影作品的精髓，但就是这么一点点的红色就使得整个作品得到了升华。

色彩与灰度的对比也是对比的表现之一，在灰色调的环境中，视觉会对有色彩的部分更容易产生兴趣，对有彩色的地方会表现出更高的关注度。在多媒体界面中，也可以运用色彩与灰度的对比来突出界面中的主要部分，多媒体本身的动态表现的优势也可以实现多媒体界面的色彩与灰度的动态转化，根据作品的不同内容，使所要突出的部分实现转换。色彩与灰度的动态转化也可以成为交互动作执行的反应表现之一，当单击触发区时色彩由灰色度转化为彩色，使得点击触发的动作执行区得以明确，表明交互动作可以得以执行，为多媒体作品实现提供好的交互体验。

④　适形处理

　　图像还有一种别有特色的表现方法——适形处理，指在一个图形中添加另一图像（或图形）内容。适形处理是将两个图进行有机的结合，不是以平常的重组、排列、连接的方式结合，而是以镶嵌的方式，使两个原本差别巨大的图像和图形融合起来，使一个形包裹着另一个。在适形处理中，差别越大的图像和图形越会产生好的效果。一般，用于包裹的图形都是不规则形，越是不规则的形效果就越好。在四角平直的矩形框内置入另一图像（或图形）的做法意义不大，矩形的形状是图像（或图像）最为平常的形状，在矩形框中置入的图像（或图形）和未置入前也毫无分别，置入矩形框中的图像（或图形）看起来更多地像是被裁剪过的效果，见图4-24。

适形处理

图4-24

⑤ 图形文字

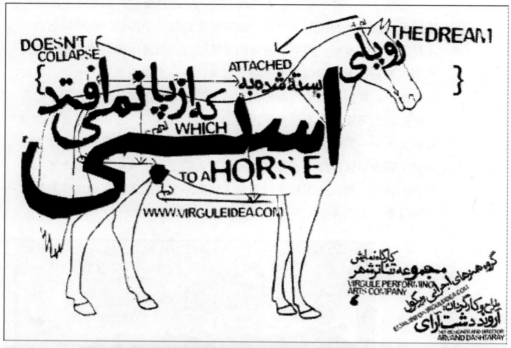

图形文字

图 4-25

　　图形文字是指将界面中的文字以组合排列成图形的形式来进行处理。这种处理方法在处理以文字为主的界面中较为常用，并且可以收到较好的艺术效果。在前面讲到的关于文字印象的部分时也讲到了图像化的文字。图像化的文字和图形文字似看相似，但其出发点是不同的。图像化的文字是从文字出发，强调的是借于文字的作用表现，由文字的本身包括文字的笔画、笔画间的建构、文字中的正负空间等，当然包括文字本身的字型。图像化的文字更多的是指向对于文字的重新架构和解读，赋予文字以新的形象，见图 4-25。

　　　　图形文字是将文字的整体字型作为构成图形的元素，强调的是图形的创建。在这里，文字本身具有的表"义"的功能已然被抛弃，而仍保留着的文字的"形"的功能在此意义上发挥的作用也不大。图形文字中的文字是构成图形的元素，其作用就如同点、线、面在绘画中的作用一样，只是这时的点、线、面都被唯一的文字代替了。与点、线、面不同的是，文字具有文化指向作用，在任何文化中，点、线、面都是一样的，点、线、面本身并不具有指向作用，而文字本身就是文明的产物，文字本身就带有表明自己文明身份的明显特征。不同文明下的文字也不尽相同，尽管各文明间的语言和文字很难互通，但人类的思维对具象的图形是相通的。虽然不同文明下产生的文字与文字之间存在着天壤之别，我们不可能一一的辨别，但每个文字指向的文明却是依稀可见的。文字的文明指向作用，也成为了图形文字所具有的独特特色。

⑥　具象与抽象的表现

图像或图形均可分为两类：具象和抽象。抽象图像（或图形）比较适宜于表现抽象的概念，如激情、冲动、气势、理智和韵律等。对于抽象事物的表达是很难界定的，抽象性的表达更多的是指向心灵的共鸣，心灵的共鸣要求由抽象概念引发的心理感受和抽象的图像（或图形）表现引导所产生的心理感受相一致，见图4-26。

在具象图像（或图形）中，人的视觉感知是因设计师通过再现真实而使观者获得某种真实性的刺激而产生的。具象的图像（或图形）是真实的现实的再现，是通过图像（或图形）还原真实从而引导产生对真实事物的心理感受。

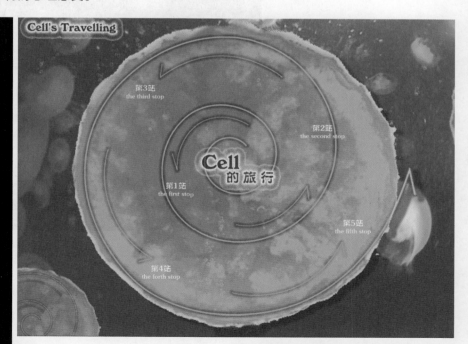

多媒体作品《细胞的旅行》的主界面

图4-26

8 图形与图像的剪裁

阎凯毅先生在他的《决定性的瞬间》一书中图形或图像的剪裁曾经作过这样的论述："剪裁，有的照片必须剪裁到极限，才能有力地表现照片的主题。但必须慎重使用，因为它能加强一张图片作用的发挥，也能完全毁坏一张图片形象的体现。"

图像的剪裁能够充分体现出设计师谨密的心思。剪裁可以使图像（或图形）的意义表达更清楚，可以改变图像（或图形）的视觉效果，可以使读者更容易地接受。剪裁手法适合于一般性图像，而对于绘画名作，则要保留画幅的完整性，不可轻易裁切，除非是为了让读者观赏作品的细部，方可进行剪裁。

图像（或图形）剪裁的形式主要有以下 6 种方式。

① 突出图像（或图形）细节

多媒体作品《北京印象》三级界面之《观古钟精品》

图 4-27

在《盛世钟韵》的"品"之"观古钟精品"界面中（见图 4-27），由于要在同一界面中同时体现九个不同的钟，也就是要有九个不同的热区用于进入不同的下级界面，而每个钟最具有典型特色的就是钟上的钟钮部分，因此可以通过裁剪，剪裁出每个钟的具有典型性的钟钮部分的图像作为进入下一级界面的热区，这是一个很有效的表现手段。

在经典的绘画名作中，这种剪裁方法的应用是为了方便对绘画名作进行更为细致的观察，细节部分的放大使经典的绘画名作得到了更好的欣赏。在多媒体的作品中，由于自身所具有的动态性，在突出图像(或图形)的细节时，可以运用动态的细节裁剪的方法。这尤其是在多媒体的作品中对某一经典的图像（或图形）进行放大进行更为细致的欣赏时，运用得较多。

② 重复某一断面，使一张图像（或图形）延伸出更多的欣赏价值

不断重复的断面

图 4-28

不断重复的断面使得原本单一的图像画面又重新焕发了活力，断面的不断交织使画面具有了动感，又造成了很强的视觉冲力，见图 4-28。

③ 层层重叠，同一大小的近似图像，重叠出现

扶轮社爱乐乐团音乐会招贴海报

图 4-29

④ 摘出分割的部分单元。

在一张完整的图像（或图形）上分割成若干单元。

Želite...

ASTRU

摘出分割的部分单元
图 4-30

　　将一张完整的图像（或图形）分割成若干单元，并可在每单一的单元内进行色彩明度、纯度或者大小等变化，使画面产生新的视觉感受。将图像（或图形）进行分割的剪裁方法也是多媒体作品中设置热区的设计手段之一，见图 4-30。

⑤ 退底

图像（或图形）的退底（除去背景），是指根据界面内容的需要，将图像（或图形）精彩的部分沿边缘裁剪。目的是为了让主体更清楚地展现在界面上，突出形象，加强图像（或图形）的表现力和趣味性。剪裁下的外形轮廓是自由的形状，自由形状的形会显得更加灵活自如，形态也会更加清晰分明。退过底的图像与背景搭配也更容易协调，也使得形象更为突出。这种手法一般在设计中应用的最为广泛，见图4-31。

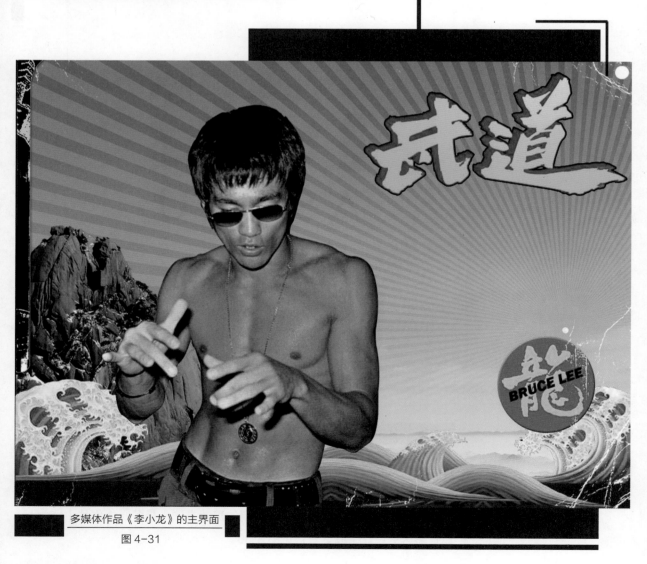

多媒体作品《李小龙》的主界面

图4-31

⑥ **出血**

图像（或图形）的出血版式，是指图像（或图形）充满整个界面而不露出边界，称为出血版。

出血的图像（或图形）使界面具有一种大气的感觉，一般出血的图像（或图形）在艺术类、文化类的多媒体界面中应用较多。相对地，小的图像（或图形）使界面看上去显得更为精致。

剪裁可以使原本呆板的图像（或图形）变得更为灵活，更具有吸引力。一般，非常规的形对视觉具有更大的吸引力。在这个界面中，通过剪裁将两张极为呆板的图像表现出了新的新鲜感，界面中□□□□□□□□□□□□□□□□□□□作为进入二级界面的热

多媒体作品《ZIPPO 接触区》的主界
图 4-32

⑨ **图形或图像的合成**

在每个多媒体作品中，完全符合作品主题意义的传达，符合作品设计要求的图像（或图形）是很难一次性到位的，为了能够达到最终的理想的效果，都要对图像（或图形）进行整合，产生新的图像，最终达到充分符合作品表达的要求。图像（或图形）的合成是具有思想性、创意性的，是设计师根据当前作品的需求，对已有的图像（或图形）进行主观思维意识的具有创意性的重组的整合。最终目的都是为了符合整体界面的风格和作品整体设计的要求。

在一个界面中合成产生的新的图像（或图形），有时不仅只是由一个或两个图像（或图形）拼合而成，有时可能是由三个、四个甚至更多的图像进行拼合，这样图像（或图形）间的重组就需要进行有效的合理安排，甚至可能需要根据作品的主题内容需要加入新的创新的元素，从而产生符合作品需求的新的图像（或图形）以契合作品的主题表现。

在已有的图像上加有二维的图形，也是一种很好的图像与图形的合成表现方式之一。图像与图形的结合，使画面呈现出了新的画面效果，看上去更加地轻松活泼，并具有很强的时代感。在还原了真实的图像的图片中，加入具有手绘感的图形，多层次与单一层级的集合，能营造出空间的维度混乱，现实与梦想的混杂。

图形与图像的合成

图 4-33

在图 4-33 中，我们可以看到，设计师在原有的图像的基础上加上了二维的线条，使得单调的画面顿时生动了起来，原本看上去非常平常的画面由于几根跟随着画面人物的脸和手形的线条的出现顿时变得不一样了，画面语言变得活跃了起来，加有线条图形的人物也成为了整个画面的主体，加有线条图形的人物形象也总让人流连忘返，反复斟看。

设计就是抉择，设计师的工作并不是单纯地美化形式，而是有思维意义地选择、决定、舍弃和保留。保留下那些有意义的部分，对于那些即便是多么繁杂、美丽、而又费力的事物，即使它自身再怎么辉煌，在界面中不合时宜时，也要毫不吝啬地舍弃。设计是抉择，要当机立断，明明白白的。每个的视觉图像（或图形）都可渴望能够保留自身的魅力，渴望能够第一时间吸引眼球，获得视觉的青睐。在一群的妖娆中，头晕目眩、眼花缭乱是必然。红花配绿叶，红花是美的，绿叶也未尝不是美的，有时候质朴也是一种美，适合的才是最美的。设计师是美的工程师，是美的使者，设计师的素质是要清楚什么是最适合的、什么才最能展现出美，这就是设计师的抉择。

用图像诉说一个故事，营造一种氛围，使受众能够感同身受，牵引着受众的思维进入作品中，从中深深地体验、品味作品所要传达的文化和内涵。就如同身临其境一搬，模糊了现实和虚拟的界线，分不清真实与梦幻，在无限的畅想的空间中漫游。这就是创意图像的魅力所在。

10 信息的可视化

设计师的工作是对整个作品的内容信息进行全面的整合，将繁杂的信息条块进行梳理，使得冗长无比的信息能够有条理的、清晰有效的传播。信息的可视化是属于图形的范畴，将繁杂的信息图形化，能够加快信息的传播速度，使得信息传播清晰明确而更为直观。

无论是文本还是数据、还是地图，所有的一切的方式都是信息的承载体，都是为我们认识这个世界提供了手段。而信息的可视化将信息传播的威力数倍加大，达到信息直观、快速有效的传播。

20 世纪 20 年代开始的现代主义平面设计运动有两方面，一方面集中在字体设计的试验与探索，另一方面集中在以图形、而不是利用文字达到视觉传达的目的，这个运动的组成部分就被称为"依索体系运动"。"依索体系运动"致力于通过图形传达思想，主要集中在视觉传达的功能上，创造出无需文字的"世界视觉语言"，利用设计达到沟通的目的是整个运动的中心。现代平面设计运动的核心是强调设计的民族化，强调利用图形而不是文字传达观念，就是考虑到文化水平低下的社会大众的需求，图形的直观性的传达方式能够满足社会的需要。"依索体系运动"建立了世界上最早的、体系完整的图形视觉传达体系，为日后图形的广泛的运用奠定非常重要的基础。

信息的可视化在现今的公共场所、交通运输、电信等方面运用得十分广泛。1933 年，由贝尔设计的伦敦地下铁道系统地图奠定了当代交通图设计的基础。伦敦地下铁道系统地图就是信息可视化的最完美的见证，在整个交通图中，用鲜明的色彩标明地下铁路线路、简单的无装饰线体标明站名和用圆圈标明线路交叉地点的草图，把最复杂的线路交错部分放在图的中心，完全不管具体的线路的长短比例，线路的曲折变化，只重视线路的走向、交叉和线路的不同区分，使乘客一目了然方向、线路、换乘车站，达到了很好的视觉传达大的功能性。鲜明的线路色彩的区分，清清楚楚标明了各条不同的列车线路，任何人无需花多少时间就可以知道自己的所在位置和应该搭乘的线路、方向、上下车站、换乘车站。交通信息的可视化使得信息的传播明确、快捷，至此全世界所有的地下铁路交通图和其他交通图的设计都向此效仿。

另一方，信息的可视化在服务业上也显现出极大的作用，在日常的生活中，我们进

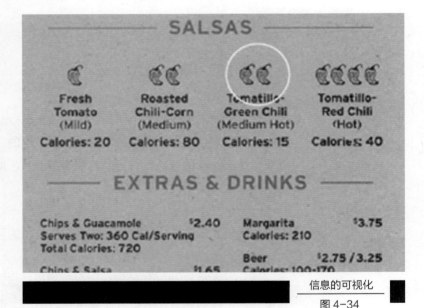

信息的可视化

图 4-34

入餐馆翻开菜谱点菜，对于不习惯吃辣的人，总是会问服务员"辣不辣"，辣的程度是模糊的概念，每个人的定义又不相同，对于习惯吃辣的人来讲，也许并不能算上什么，而对于那些极为怕辣的人，却根本无法是从。而有菜单上写的"微辣""辣""极辣"似乎又是一个模糊的概念，又总会不喜问"微辣"又是多辣？这中模糊的问答的方式是最让人头痛的，似乎一顿饭没有吃下来，

光是点餐就是一件叫人极为头痛的事情。在菜单上，将辣的程度通过辣椒的图形表现出来，一个辣椒表示不太辣，四个表示非常辣，将信息可视化，任何人都能清清楚楚地明白的，有标有辣椒的菜表示会辣，没有标有辣椒的菜表示不辣，信息的传达直观又明确，节省了很大的徒劳的精力和时间，将辣的问题转化为图形的可视化是最为聪明的双赢的解决办法，见图4-34。

4.3 色彩表现

在一个作品中，留给我们印象的第一感不是作品画面设计得多么精美，文字表现得多么深刻，图形图像多么感动人心，而是作品的色彩。色彩散发出来的感染力深深烙印在了我们大脑的记忆中。记忆中，我们可能会记不清画面上具体存在的事物，记不清作品的名称，记不清具体的图形图像，但永远记不清的不会是作品的色彩，也许我们的记忆不能仔仔细细地细数出每一个色彩的色相，但对大的色感、色调是明确的和清晰的。色彩是作品展现的第一感官，对作品起着举足轻重的作用。要想运用色彩做出优秀的设计作品，先要对色彩有深刻的了解和认知，才能充分发挥色彩的作用。

1 色彩的 RGB 原理

多媒体作品的展示往往是通过计算机屏幕而呈现的，就目前的状况而言，计算机的显示器都是采用 RGB 颜色模式为标准的，所以多媒体作品采用的颜色也都是以光学颜色 RGB 为主。

RGB 是从颜色发光的原理来设计定的，由 R（红色）、G（绿色）、B（蓝色）三种原色光构成，每个色光都有 256（0~255）种不同等级的光的强度值变化。三种颜色按不同的比例混合叠加会产生 16777216 种颜色。

RGB 与 CMYK 色彩混合的减法原理相反，是加法的原理。通俗地讲，RGB 的颜色混合的方式就如同三盏发有红色光、绿色光、蓝色光的灯。当三盏灯同时开启时，亮度最亮成为白色光——白色（R255，G255，B255）；当三盏灯同时关闭时，亮度最弱——黑色（R0，G0，B0）。三色数值相同时，则为无色彩

RGB 色彩混合模式

图 4-35

的灰色地带。按照光学颜色原理混合，R 红色光与 G 绿色光相叠加为黄色光（R255，G255，B0），G 绿色光与 B 蓝色光混合为青色（R0，G255，B255），R 红色光与 B 蓝色光叠加为品红色（R255，G0，B255），见图 4-35。

加法的混合原理就是：越混合就越明亮。

知道了它的混合原理之后，在今后的设计中对颜色的掌握处理就变得更加心应手了。

2 色彩的属性

① 色相

色相即色彩的相貌、名称，色相是色彩最根本的区分依据。在色彩中，不能再分解的基本色被称为原色，由两个原色混合构成的颜色被称为间色。牛顿在 1666 年，通过试验得到色彩的最初的色相是：红、橙、黄、绿、青、蓝、紫。例如：红色、桃红、玫瑰红、粉色它们虽是不同的色彩，但它们同属于一个色相即"红"色相。在最初得到的七种色相中红、绿、蓝是色光的三原色，

色光的三原色混合得到了品红、青色、黄色三种色光间色。与此同时，与牛顿同时代的英国科学家布鲁斯特发现，利用红、黄、蓝三种颜色的颜料可以混合出其他更多颜色的颜料，红、黄、蓝被认为是颜料三原色，红、黄、蓝三原色混合，可以得到橙、绿、紫三种间色。而颜料三原色恰恰是色光的三间色。在这里，无论是原色也好，还是间色也好，这些都是色彩的最基本的色相。

② 明度

　　明度是指色彩的深浅程度、明暗程度。色彩的明度包括同一色相的深浅的变化和不同色相间的明度的差别两个方面。在同一色相中，如浅灰、中灰、深灰、黑，他们之间的变化是色相的深浅的变化，也就是所谓的明度的变化。在不同的色相间，在彩色系中，明度最高的是黄色，明度最低的是紫色，绿、红、蓝、橙的明度最为相近。在非彩色系中，白色的明度最高，黑色的明度最低。任何一种色相加入白色，都会提高色相的明度，白色所占的比例越大，明度就越高。与此相反，任何加入黑色的色相，明度都会下降，黑色所占的比例越大，明度就越低。由明度高的色相组成的色调，被称为高调，由处于中间明度的色相组成的色调，被称为中调，由明度低的色相组成的色调，就被成称为低调。

③ 纯度

色彩的纯度是指单种标准色即三原色在色彩中的比例。色彩的纯度也可以被称为色彩的饱和度或色彩的彩度、色彩的鲜度，色彩的纯度是色彩感觉强弱的标志。具体地讲，色彩的纯度是指色相的明确或者含糊的程度、色相的鲜艳或者混浊的程度。在不同的色相中，色相间的纯度也不同，三原色品红、黄、青的纯度最高，其中红色是纯度最高的色相，纯度最低的色相是绿色。任何色相与白和黑混合，在色相的明度提高或者降低的同时，它们的纯度也都随之被降低。在色彩排列的色环中，相邻的色相的混合得到的色彩的纯度不会发生改变，例如红色和黄色的混合得到的橙色。而相对着的两个色相的混合得到的色彩的纯度最容易改变，所得色相的纯度被严重的降低，如红色和绿色混合所得到的灰暗的色彩。任何加入灰色的色相的纯度也都会被降低。

③ 色彩的对比

色彩的对比有很多种，其中包括：色相的对比，明度的对比，纯度的对比，补色的对比，冷暖的对比等。当两个以上的色相组合在一起时，就会产生对比。色彩对比的规律表明，在明度高的环境下，明度低的物体突出，在明度低的环境下，明度高的物体突出。在冷色调的环境下，暖色调的物体突出，在暖色调的环境下，冷色调的物体突出。同样，纯度高的物体在纯度低的环境下更为突出，更为明显，更能集中视觉的注意力，更能吸引视觉的重心。在设计中，对色彩对比规律的准确而巧妙的运用，可以起到使多媒体界面的主题要素更为突出的作用，并能够使所要传达的内容信息成功地吸引受众的视觉注意，以达到快速而直接的传达信息的目的。

交互性是多媒体作品区别于传统媒体的主要特征之一，传统的媒体信息的传播方式是单向的、被动式的传播，多媒体的传播方式使原本被动的接受转变成了主动的选择，使原本单向的传播转变为了多向自主的传播，从根本上改变了信息的传播方式。执行交互就需要有热区。在每个热区上都设有触发热区所引发的下一步动作的执行程序，直到受众触发热区引发热区上附带的程序完成执行的命令后，这个触发动作才算最终完成。在多媒体作品中，界面中的热区是执行交互动作的触发点。多媒体作品中的热区可以是显现的，也可以是隐藏式的。加有按钮的热区，可以使人清楚而具有直观性。隐性的热区不能直观地执行交互动作的触发点的热区，要如何才能引起受众触发的欲望，从而最终完成触发这一动作行为，色彩对比就可以在此发挥很大的作用。在触发区域为隐性的多媒体作品中，往往界面中主旨的主要设计的要素对比强烈的表现区域就是触发区，色彩强烈的对比会更吸引视觉的注意力，成为视觉的中心，与此同时，视觉焦点所关注的主体物，也必然是执行交互的热区的触发点所在。触发区存在的目的是为了能够引起受众的触发欲，从而完成整个多媒体作品的交互这一过程。在一个多媒体的作品中，触发区域不明显，必然给受众带来糟糕的交互体验，伴随着的是作品也不会得到很好的诠释，很可能会造成在作品还未完成全部的体验时就放弃退出了作品。

　　色彩的明度对比和纯度对比，是多媒体界面中明示触发区域最为有效的两种方式。根据上面所讲的色彩对比的规律，在明度低的环境中，明度高的物体突出，在明度高的环境中，明度低的物体突出，在纯度低的环境中，纯度高的物体突出，在纯度高的环境中，纯度低的物体突出。在多媒体作品中，一个界面中的色相就有很多种，虽然界面中的色相无法得到统一，但是色相的明度或者纯度都可以进行统一的调节，利用色彩对比的规律使触发区与非触发区得到强烈的区分，明确触发的目标区域所在，从而引发触发动作的发生。

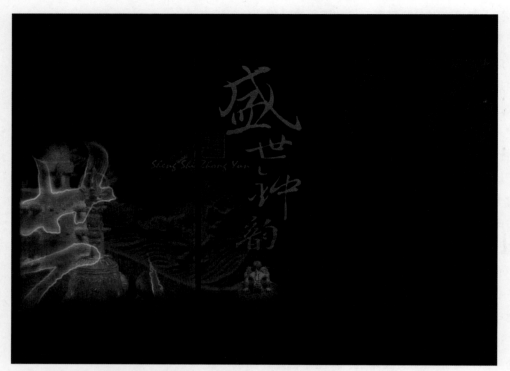

多媒体作品《盛世钟韵》的主界

图 4-36

　　图 4-36 是在 2006 年获第十四届莫必斯国际多媒体大奖赛
大奖的多媒体作品《盛世钟韵》中的主界面。在整个界面中，总
共有三个进入二级界面的子标题"艺"、"品"、"源"。我们
看到在界面中，"艺"、"品"、"源"分别具有三个不同的热
区区域，这三个触发的区域点都没有以一个固有的形态而存在，
而是整个三个热区区域融为一体，构成了一个完整的画面，在这
里可以说对热区的整合也就是对界面的完善。当鼠标移至到"艺"
的热区内，"艺"的色彩由灰暗的显示变化成具有蓝色光的色彩，
与界面中的其他部分形成鲜明的明度对比，使受众能够更为明确
触发点所在，从而更好地完成了下一步的执行交互的动作。"品"、
"源"也都是同样的表现手法，在这个界面中，引发触发热区的
设计，就是运用了色彩对比的表现方式，明确了执行交互的区域，
从而引发了交互动作的完成。

4 色彩的调和

色彩的调和，可以说是色彩的和谐和统一，这里的统一指的并不是一致性，而是指的是大的统一。调和与对比是相对的，对比的目的是为了刺激视觉神经，从而引发视觉的注意，调和的目的是为了缓解视觉神经，使精神能够得到一定放松，调和也是抑制过分对比的手段之一。调和和对比都是不可或缺的，光有对比，是烦躁的，光有调和是单调而乏味的，因此调和和对比是相依相成的。调和可以使原本分散的事物能够某种方式整合起来，形成一个整体。降低色彩的纯度和明度是进行色彩调和的有效手段。 在此，我们就具体的色彩调和在多媒体作品带有视频框的界面中的具体应用展开详细说明。

在格式塔心理学原理中，考夫卡就图形与背景的关系中就有提到，当图形与背景的区分越大时，图形的可视性就越强，图形就越突出，就越能引起视觉感知。就像我们在寂静的夜里，听见的雷声会远远大于在白天所听到的。当图形与背景的区分越小时，图形与背景就越难以分离。

相近的事物之间容易形成接续性，当一段相近的点以断续的相近的距离状态存在时，人眼睛的视觉会自觉得将其连接起来，这就是相近的事物间的连续性，见图 4-37。

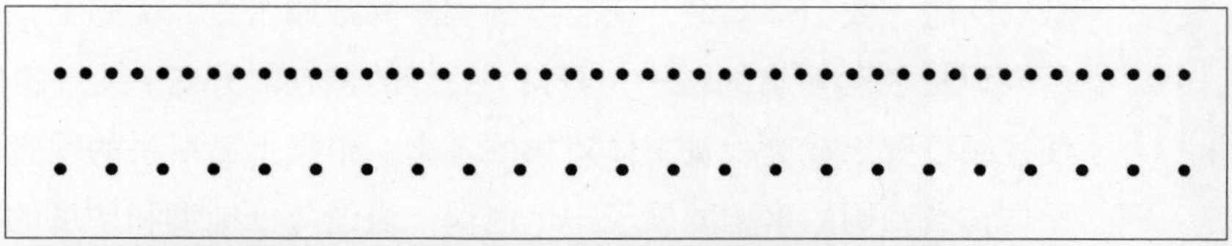

点的连续
图 4-37

在距离相近的点的排列中，视觉会自觉得将点的集合看作是线，这时点的存在方式不再是点的集合，而是线的存在方式。距离较短或相近的部分，视觉会自觉的将其归为整体。

图 4-38

　　在图 4-38 中，我们就可以清楚地看到利用相近性造成的连续的视觉形象，字母大小不同的安排组合，形成不同的区域划分，形成不同的部分。

　　图形与背景的区分有很多种，可以是色彩上的，也是可以是形状上的，还可以是静势和动势的。在距离相近但颜色相异的状态中，视觉会将相同或相近的色彩的部分组织成一个整体，这也是色彩自我进行调和的方式。例如，在自然界中，变色龙会随着周围事物的变化，而改变自身的颜色，以起到躲避天敌，保护自己的作用。同样，用来检测色盲的检测表，也都是相同的道理。

　　在多媒体界面的设计中，道理也是相同的。在此之前，我们先来说说开灯和关灯的问题。我们都知道，在专业的视频网站如土豆、优酷上，网页页面上面都设有用来调控色彩明暗的按——开灯 / 关灯的按钮。开灯 / 关灯的按钮的设置也是出于使视频框突出成为视觉主体对象的考虑。根据上面所讲的视觉的相近性和连续性的原理，当四周的事物同属于一个色调，通过降低纯度和明度的方式，色彩的调和使周遭的事物集合成一个整体，在视觉的感知下，四周的事物就会自觉联合成为一个整体与目标主体区分开来。开灯 / 关灯的设置就是利用了色彩对四周事物的色相的明度和纯度进行统一调和的原理，使界面中除目标主体之外的所有环境物体形成为一个整体，从而使目标主体突出。视频图像与周围的色彩差异越大，视频就会越突出，就越会使视觉集中，视觉越集中，视觉分散率的可能性就越小。相比较而言，动态的影像比静止状态的影像更能吸引视觉的注意力。在界面中动静表现的对比，什么为动态表现，什么为静态表现，要有主动的意识划分。要事先明确界面主旨，明确视觉的停留点，这些都是界面设计吸引视觉的关键点所在。

现在来看看图 4-39 所示的界面，这个界面是多媒体作品《同一片蓝天》中的"情"的"追梦"篇。在这个界面中，我们可以看到，位于界面左面的田径运动员在参加田径竞赛时的图像，图像的本身就具有很强的动势感，图像又与视频框的距离很近，这个界面很成功地运用了动势的视觉吸引力来吸引视觉的注意力集中在视频框的位置上。视频的图像会随着视频的播出，色彩变化不定。而四周的界面元素的色彩的明度反差大，色彩色调的相近性不强，难以使视觉感知集合成

多媒体作品《同一片蓝天》之《追梦》

图 4-39

为一个整体，影响了视觉的集中性。由于视频图像与四围的区分不明确，整体集合感不强，造成了一定程度上的视觉分散。在此，我们运用色彩调和的原理即开灯\关灯的方式，降低色相的明度和纯度，就可以很好的解决这一问题。多媒体的界面是根据界面本身的内容而量身定做的，具有不可重复性，界面中的图形设计也是具有针对性的，界面中的所有元素的运用也是为了主题而服务。可以说，多媒体作品的界面更多地强调的是沉浸式的视觉感受，与视频网站不同的是，它并不具有即时性和可更换性。由于多媒体作品的独一性，我们在处理带有视频框的界面时，不必向网站视频上设有开灯\关灯两个按钮，多媒体的作品不像视频网站具有多个视频的选择性和随意性。多媒体的视频是针对于单一界面内容而设定的视频图像，在设

有视频框的界面中，视频框中的视频的内容才是整个界面的
主要内容，因此，突出视频框才是整个界面的重点所在。当
视频图像开始播放时，视频框四周的色彩可以同时降低色彩
的明度或者纯度，使四周聚合、统一，加大视频与四周背景
的对比，突出视频框，使视线集中在视频框的视频内容上，
减少视觉分散的几率，以达到通过视频传达主要信息的目的
所在。在结束视频播放时，界面色调可以还原，保持界面的
整体性。

5 色彩的动态表现

多媒体作品以动态的变化表现为典型的特性。在多媒体界面中有许多动态的
表现方式：形的动态变化、字的动态变化、色彩的动态变化、格局的动态变化等。
相比较于动画效果而言，色彩的动态表现是最为便捷而又直接有效的。在执行交
互触发时，鼠标所触碰的热区区域的色彩的变化，能够最直观的表明了所触发区
域的准确性。色彩的动态表现可以使触发区域更为明确，有助于视觉的引导，其
最终的目的是引发触发动作。色彩的动态表现能够引导受众跟随着设计师预先所
设定的浏览方式进行作品浏览，从而使受众体会到完美的交互体验。色彩的动态
表现是动态视觉引导的一部分，色彩的动态也表现为多媒体作品中对视觉的引导
的方向起着重要的作用。在传统的媒体中，色彩的动态感往往只能局限于对色彩
的联想，由联想所带来心理上的感应。例如，人们认为纯度高的色彩容易产生紧
张感，而纯度低的色彩能给人以舒适感。多媒体作品中的色彩的动态表现实现了
真正现实意义上的动态变化，在多媒体作品中，色彩不会再受到束缚，色彩得到
了真正的自由解放。由于多媒体独有的动态的色彩表现使色彩终于可以按照自己
的需求选择自己的存的方式。无论色彩表现的自由度有多大，也一定要注意作品
的主旨意义的传达，要明确作品中的信息传达才是多媒体作品制作的意义所在，
且不能由于色彩的多变而忘却了主旨。多媒体作品中的色彩的动态表现要符合作
品的主旨意义，要为作品而服务，不能孤立，随心所欲，脱离了整体，也就没有
了存在的意义。在多媒体作品中，色彩的动态表现可以使色彩不再以固定的色相
存在，明度、纯度也可以随着作品所要传达的信息进行变化，色彩的动态表现为
执行交互触发的视觉引导提供了更多的可能性。

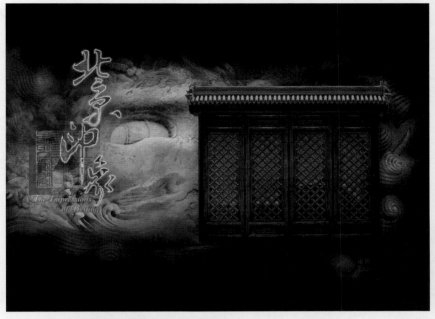

多媒体作品《北京印象》的主界面

图 4-40

图 4-40 是多媒体作品《北京印象》中的主界面。在这个界面中，我们可以看到执行退出命令的"退出"按钮，由于具有低的明度，融合在了整个界面中，当鼠标移至到"退出"按钮位置时，可以看到按钮发生了明显的色彩变化，表明鼠标已到触发区，可以执行触发动作。"退出"按钮的色彩由低明度转变为高明度，与周围的低明度的色调形成对比，突出按钮交互热区的位置，为执行交互做好准备。设想，如果鼠标鼠标移至"退出"按钮位置时，没有发生色彩的动态变化，鼠标依旧是变成手掌状，结果也依旧是很难吸引视觉的注意力，使视觉会不自觉的忽略掉鼠标由箭头变为手掌状的变化，带来的是不良好的交互体验，这就是色彩的动态表现在多媒体界面设计中的重要作用。

其次，色彩的动态表现也可以起到区域划分的作用。在多媒体作品中，利用色彩的动态变化进行区域划分，从而可以减少设置按钮的麻烦。在免去了繁杂琐事的按钮设置的同时，画面表现出了更为整体，更为大气的气势。一般而言，发生色彩变化的区域就是可以执行交互的热区。热区上附有的交互命令是为了执行交互这一动作的发生的前提，也是热区设置的目的所在。发生色彩变化的区域，与未发生色彩变化的区域形成鲜明的对比，造成了不同的功能区域分离，从而满足不同区域的功能需求，实现功能设置的目的。色彩变化的区域会吸引视觉向色彩发生变化的区域集中，在此视觉中心会自觉地集中在当前变化的区域之上，使思维更为明确地确定当前主要的功能域区，成为下一步动作发生的前提。通过色彩的动态变化，来划分功能区域，并按照功能区域的不同来执行不同的交互命令，这是多媒体界面的一大特点。

多媒体界面与传统的画面最大的不同就是，在多媒体界面上要设有可以执行交互命令的区域，要有能够引发触发反应的热区所在，并且一个界面中可以存在一个或多个热区。色彩的动态表现可以使界面中的每个功能区域划分明确，为后面的交互动作的执行做好准备。明确的区域划分能使界面内容的版块结构清晰明确，条理清楚，使可以清楚自主的选择自我需要的内容，使受众体会到友好的交互体验。

图 4-41 是多媒体作品《先锋戏剧档案》中的主界面，所有用来设计的元素都是以单一色彩的剪影的形式存在的，整个界面的色调处于昏暗的状态中，找不到任何可以执行交互任务的按钮，并且各个的功能区域不明确，面对这样的界面执行交互的命令就如同一头的雾水，无从下手。但当鼠标移至到各个剪影的图形上时，功能区域的划分就立马明确了起来，原本单一色调的剪影发生了色彩的变化，本来是剪影的事物转变成了真实的影像。同时，原本处于黑暗中低明度的事物转变为了高明度，色彩发生了动态的变化。色彩发生动态变化的这一动作，明确了此区域就是可执行交互触发的热区，热区中必含有可以引发触发动作的程序命令。发生色彩变化的区域与没有发生色彩变化的区域形成了鲜明的对比，使得各功能区域得到了很好的划分，从而保障各功能区域的功能命令的执行。

多媒体作品《先锋戏剧档案》的主界

图 4-41

6　色彩的心理

　　每个民族都对色彩有着不同的理解方式。在不同的文化中，色彩所代表的意义也都大相径庭。在设计多媒体界面时，色彩的选择也是经过设计师深思熟虑的，作品色彩的准确定位也是直接决定着作品成功与否的关键所在。

　　　　颜色的本身就具有强大的魔力，可以将其被人类赋予的特征转移到人的身上。例如红色是火和血的色彩，火可以驱走野兽，由此红色也可以驱走邪恶。在中国，红色是中国的色彩，中国的国旗、中国的紫禁城、中国的灯笼……都是中华民族的色彩——红色，中国红。红色代表着生存的火的颜色和生命血的颜色，如果生活中没有火种，人没有血液，死亡是它的唯一选择。自远古以来，红色就是人类所崇尚的色彩。从汉朝起，汉高祖刘邦称自己为是"赤帝之子"，自此将对于红色的崇尚推至到了高峰，时至今日，红色依旧是最具有中华民族语言的代表色。

　　　　在寒冷的地方，人们渴望火的温暖，红色也成为当地民族文化中吉祥的色彩。在俄语中，红色是一切美好的事物，像"莫斯科的红场"，"红军"——雄壮的军队。而在阳光灼热威胁生命的地方像埃及，红色则成为了恶魔的颜色，绿色成为他们国家的代表色。

　　中国是个多民族的国家，每个民族都有着自己的民族特点，个性而鲜明。例如，藏民族对白色的崇拜来源于高原上终年不化的白雪，人类会将对这种恶劣地域的生存环境产生的敬畏感转移到色彩上。在节日里和走亲访友时献上的洁白的哈达代表着对老人和长辈的尊敬、对同辈和晚辈的美好祝愿。

　　　　而在满是沙漠和黄土的陕北和甘肃地区来讲，红色和绿色的大块对比，则成为了当地地域色彩的代表。对于整日浸没在一望无际的黄土高原和戈壁沙漠上的民族，他们日出而作，日落而息，什么才是色彩的颜色。当然，这日日夜夜面对着的黄土的颜色在他们的眼中并不算上是色彩的颜色，而那难能一见的红色和绿色才是他们所期盼的新鲜的颜色。这两种同时具有的强烈的视觉刺激的红色和绿色相撞，给视觉上带来了更大的刺激，红色和绿色那生生的对比的强烈色彩固然也成为了西北区域文化代表的颜色，见图 4-42。

电影《三枪拍案惊奇》的宣传海报

图 4-42

每个民族都会把自身种族的色彩视为万物中最美的色彩。对于白种人来说，白色是最美的色彩，每当爱情的甜蜜步入结婚的礼堂时，新娘都会穿起美丽的白色婚纱，手捧着白色的小花与自己心爱的人一起见证爱情的永远，那一刻就是人生中最美的时光。而对于黄种的亚洲人来说，黄色是崇尚、高贵的色彩。中华文明的始祖被称为"黄帝"。在古代黄色就被视为是至尊无比的天子色，从服饰到家具再到宫廷的色彩，使黄色成为最高政治权利的象征。就连一件平常的马褂，也由于具有特殊的权利性，而被称为是"黄袍马褂"。而对于非洲的黑种人来说，黑色是他们最美的色彩，黑色的肤色，黑色的肥沃土壤，这些都是他们民族的色彩。无论是从非洲国家的国旗还是国徽上，都可以看到代

表本民族的黑色的色彩，就连代表着非洲自由的标志也是黑色的五角星。每一个民族都自视优越于其他的民族，每个民族也都自视为是万物之灵，每一个民族也都自视本民族的色彩是万物中最美的色彩。

人类对于蓝色的认识是来源于大海和天空的经验。海水的寒冷和无法预知的深度，给人以冷而遥远的感觉，从经过转化得出的象征意义来说，冷冷的蓝色又是一种拒人于千里之外的色彩，它是客观的颜色，容不得人类半点自我冲动的情感。在现代的象征意义里，蓝色是代表工作及精神品质的主要色彩，是精神的象征色。同时，蓝色也是天空的颜色，人们认为天神生活在天上，因而蓝色也是神的颜色，并由此可得蓝色也代表着永恒，作为永恒的颜色，蓝色也是真理的象征色。基于以上原因，蓝色成为了科技领域里运用最广，最多的色彩，成为了代表科技、客观、真理和时代先锋的色彩。

　　所有的混合色彩均会让人感到暧昧、不客观、不自信，其中紫色是最不客观、最为暧昧的色彩。紫色是蓝色和红色的混合色彩，是介于代表着精神品质的蓝色和代表着物质的红色之间的中介的色彩，游离于理性与感性之间。由于紫色的暧昧、不客观性使紫色成为了迷惑、不忠实、性感的色彩。在当代，这个物质飞速发展，精神高度膨胀的二十一世纪，所有事物之间的界线变得越来越模糊，模糊成为了一种时尚，多元文化的大融合，使得人们对事情的评价不再是过去极端的词汇"好"与"不好"，"对"与"不对"所能概括的。人类的包容与理解使得社会以更快、更有力地速度快速发展，在这个界线模糊，文化大融合的时代，由于紫色的特质，也使紫色顺应地成为了这个时代的色彩。从高档的化妆品到步入红毯的高级成衣，再到闪着昏暗灯光的酒吧，无不充斥着暧昧、不明确的紫色。

　　按照光学原理，白色光的形成是由全部的可见光均匀混合而成的。本是空无一有的色彩实则是所有色彩的集合，也正是"有容乃大"的色彩体现。道家文化强调的是无为，在色彩上也主张"无色而无色成焉"，也就是追求无色之美，白成了道家哲学体系的代表之一。在深受道家思想影响的东方文化中，无处不见东方文化对白色的执着与珍视。以道家思想为哲学观的中国的文人画推崇的就是黑白、平淡的素净的美。中国人自古就懂得"有"与"无"的关系，懂得白比黑的重要，故也有"知黑守白一说"。在深受道家思想影响的日本，对白的珍视在日本的设计中体现着淋漓尽致。日本的无印良品也正是在此的道家思想的观念上，建立起了自己的品牌意念，成为了一枝设计界的奇葩。

---

① **绿色**

　　绿色是所有混合色中最独立的颜色，当人们看到绿色时，人的思维意识不会直接想到产生绿色的混合色蓝色和黄色，绿色是中立的颜色。人们对于绿色的象征意义是来源于大自然中的绿色植物。在前面，我们讲过各种色彩在各种不同的文化中的象征意义和心理意义。绿色在所有基督教和中国文化中，都是生命的色彩，希望的色彩，健康的色彩。绿色对生命、希望、健康的意义都是得源于大自然的绿色，所有与绿色沾有关系的事物，即使是不好的，也会在绿色的笼罩下转换成好的。像"绿色化学""绿色工厂""绿色锅炉房"，似乎听起来都是有益而无害的。

红色代表热烈，是物质的色彩，蓝色代表冷静，是精神的色彩，绿色是中介的色彩，既没有红色的积极，也没有蓝色的冷淡。绿色位于中间，完全中立于所有的极端之间，因此，绿色具有镇静作用。医院中大量的绿色色彩的使用，也是为了让前来就诊的病人能够放松精神，起到镇静的作用。

② 黑色

黑色是最好的衬底色，可以使任何存在于它之上的色彩看上去更加明亮，更加具有光感。在黑色的背景下，具有色彩的线条显得更有光的效果，烟和雾的层次也更加突出。在黑色背景下的金属也更能显示出金属的光泽。

现代主义强调"功能决定形式"，功能占据主导的位置，一切的设计指向都指向了"需求"，现代主义放弃了多余的修饰，放弃了多余的色彩，非色彩的"黑"、"白"、"灰"成为现代设计的钟爱。现代设计的品质要求非色彩的色彩：黑色、白色、灰色，放弃了色彩的意义以适应现代主义的客观性和功能性。非色彩的色彩是现代的色彩，是功能性的色彩，是理性的色彩。黑色、白色也是客观的色彩。黑色也是优雅的色彩，优雅要求放弃招摇，放弃繁杂，黑色放弃了色彩最本身的色彩，因此黑色的优雅也是放弃的最多的优雅。

③ 灰色

灰色是最为中庸的色彩，也是最没有个性的色彩，灰色的色彩表现也都是依附于周围的色彩。任何与白色、黑色混合的色彩都会变得混沌，灰色是白色与黑色混合后得到的最混沌的色彩。

灰色也是最有空间层次感的色彩，在多媒体界面中加入灰色，可以有助于拉伸界面的空间关系，丰富空间的层次。灰色具有很强的依附性，当灰色与鲜艳的暖色临近时，会偏向冷色调。与冷色靠近时，灰色会偏向暖色调。由于灰色具有中庸、不张扬、依附性的特点，使得灰色成为最易于搭配的颜色。

第 5 章
经营界面

在对界面中的基本元素有了深入了解之后，接下来的就是
如何安排这些元素，如何更好地组织利用这些元素设计
出好的界面，本章将详细讲解。

MULTI-MEDIA
DESIGN

5.1

视觉原则

1 视觉中心原理

　　基于心理学而言，一般情况下，视觉的注意力是按照从上到下、从左到右的顺序进行的。在一个页面中，左半部的注意力会占到 56%，右半部的注意力会占到 44%。在上下结构构局中，上半部的注意力会占到 53%，下半部分的注意力会占到 47%。上下左右相交，位于左上角 33% 的部分会成为所有视觉中心的焦点。因此，在设计界面时，许多设计师都会不约而同地把作品的主题文字安置在左上角的部分或者是页面的上半部分，就是为了让人的注意力可以在第一时间被吸引，再由一点向四周发散。当视觉从左上至右上再至左下到右下，视觉流程循环一周，视觉停留在右下角时，视觉的流程线路图就结束了，所以退出、返回、设置的按钮也往往会被选择安排在右下角的位置上，见图 5-1。

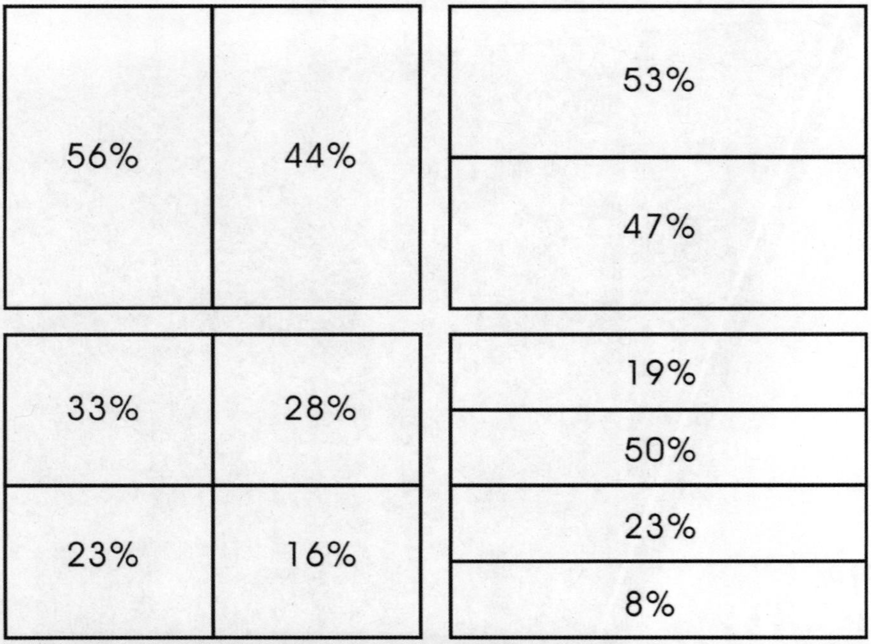

56%	44%

53%
47%

33%	28%
23%	16%

19%
50%
23%
8%

视觉中心原理

图 5-1

当画面中出现大于 45 度斜度方向的引导线时，视觉流程线路会由上向下延伸，当视觉引导线小于 45 度斜度时，视觉流程线路会由下向上蔓延。

2 建立视觉流程

1 单一界面的视觉流程的建立

在多媒体作品中，单一界面的视觉流程的建立与版式编排的视觉流程的建立有许多相似之处，在此可以加以借鉴和延展。常规版面的视觉流程的建立有 6 种方式：单向视觉流程、曲线视觉流程、重心视觉流程、反复视觉流程、导向视觉流程、散点视觉流程。本章对这 6 种常规的视觉流程的建立不做过多表述，重点侧重于多媒体作品所特有的通过动态表现建立的视觉流程。多媒体作品本身所独具的动态表现方式是版式编排所不具备的，也正是因为多媒体作品所独有的动态表现，使视觉流程的建立发挥出更广阔的空间。

视觉流程建立的目的在于更加合理地、有逻辑地规划界面中元素的视觉浏览的先后顺序，有意识地指导受众更具逻辑性、更有效地参与体验。视觉流程在空间的流动线是不可见的，是"虚"的线，因此会常常被设计者忽略，而有经验的老手却将此视为作品中的重中之重。"实"则是不可见的事物，却是不可或缺的必要之物。我们常常在观看一个多媒体作品时，界面的视觉表现是映入受众脑中的第一印象。我们看到的有些界面给人的感觉是头晕眼花，主题含糊不清，界面的视觉表现混乱不堪，很大部分原因在于界面的视觉流程的混乱的安排，没有形成流畅的视觉引导线。视觉流程建立的成功与否也是考验一个设计师水平的试金石。

在一个界面中，动态的表现比静态的表现更具有视觉的吸引力。在界面中，动态的表现部分往往会成为界面中视觉焦点的中心。利用视觉焦点建立视觉流程是应用较多的一种方法，也就是焦点视觉流程。这里的焦点主要指的是视觉焦点，即视觉最为聚集的地方，焦点聚集的重心往往是作品主题表现的重心。由视觉的焦点带动心理的焦点，以明确作品的主题内容。建立焦点视觉流程也是通过视觉心理建立的视觉流程，通过视觉焦点的指向建立视觉的流程秩序。

在界面中的元素进行动态的表现，既然是"动"也就必然带有方向性，动的方向也具有指向性。在界面中通过动态表现所带有方向性的焦点指向也就更为明确。在界面中，动态的元素会首先成为视觉的焦点，动态的指向必然引发视觉浏览的顺序，从而建立起由焦点建立的焦点视觉流程。通过动态建立的视觉流程的优势在于更为直观、明确地突出界面中的视觉焦点，使受众有一个清晰、直观、明确、迅速、流畅、美好的审阅体验（见图 5-2）。

多媒体作品《吉祥》的界面

图 5-2

与传统媒体不同的是，多媒体作品是动态的视觉感官的体验。对于多媒体作品而言，界面与界面之间视觉流程的建立与单一界面视觉流程的建立完全不同。由于多媒体作品本身所具有的交互性，观者的浏览方式是非线性的和不确定的阅读方式，因此维护视觉流程在界面与界面之间链接的流畅性同样很重要。在设计多媒体作品时，不仅要考虑到单一界面的视觉中心和视觉导向的问题，界面与界面之间链接的视觉流程的流畅和动态引导也是设计中需要考虑的重要因素之一。

② 界面与界面间的视觉流程的建立

视觉流程建立的两个基本要求是：

<1> 要符合视觉习惯，满足心理和生理特点的要求。

<2> 要保证信息的准确、有效地传达。

多媒体作品的特点是将作品内容按照递进的关系进行层级的划分，即主界 —— 一级界面 —— 二级界面 —— 三级界面。处于同一级别的界面既要保持必然的联系性，也要具有不同的个性。处于不同级别的界面既要保持承上启下的传承性，又要具有与其他子层中的同一级界面的联系性。这就需要有一个东西能够将各个层级之间有效地连接起来，而这时不同界面间的视觉流程的引导就显得更重要。成功的视觉流程的安排能够使各个层级之间的逻辑顺序清晰、明确，能够使界面间的跳转更具有节奏性和美感，能够更快捷地进行信息传递。

作品的目的是将信息准确、有效地传递出去，传递信息是作品的根本所在。建立视觉流程的目的是为了能够加快促使信息的传递，使信息的传递能够具有合理的逻辑性，做到更快捷、有效。

对于多媒体作品而言，各界面之间的视觉流程的建立是一个动态的概念。受众的浏览顺序是非线性的，具有很大的随机性，而对于设计者来讲更多的是不确定性。为了确保信息具有逻辑性地有效传达，作品的整体性的意识是根本。

常见的界面间结构的模式有三种。

<1> 递进式

递进式是多媒体作品中最常见的一种方式，也是运用的最广泛的一种方式。在同一界面中，将相连接的元素进行延伸，使界面间形成一个横向的延长整体，构成一个完整的画面。色彩也成为其中延展的元素，用来指明界面间的层级关系，同一单元的界面保持同一的色彩，从而带有鲜明的指示标签。元素和色彩延展的使用都有视觉的导向作用，见图 5-3。

多媒体作品《TATTOO》界面

图 5-3

<2> 一气而下式

　　一气而下式的界面结构要保持整体步调的统一性，不仅要保证在基于显示屏幕的每个单一界面的独立性和完整性，还要保证界面之间的大的完整性，要保证整个作品的顺从而下，一气呵成的气势。在界面中用于指示坐标地点的导航条可以随时跳转到任何一个界面，见图 5-4。

日本邮政的界面
图 5-4

<3> 沉浸式

　　沉浸式的界面结构方式在虚拟现实中最常见，导航功能的切换是在整个虚拟的三维环境中实现的。例如，光线的转变、镜头的拉伸、日出日落等，这些改变都是处于同一三维的虚拟环境中，而不是每一级别的界面内容的改变。无论是主界还是一级界面、二级界面、三级界面，在沉浸式的界面结构方式中都保持同样的连贯性，都是基于同样的虚拟场景之上的，见图 5-5 和图 5-6。

多媒体作品《北京印象》之《琼岛春阴》部分

图 5-5

多媒体作品《北京印象》之《琼岛春阴》部分

图 5-6

用于引导视觉流程的手法有如下四点：

1 位置：上部、左部、中上是画面的最佳视域。

2 图与文字更具有吸引力。

3 大面积的图更具有视觉的冲击力。

4 动态的比静态的更引人注意。

5.2

界面中的空间

与传统印刷的纸质媒介相比，界面在空间的造就上具有得天独厚的优势。这主要表现在两点：一是与传统的纸质的印刷工艺相比，界面是基于显示屏幕而存在的，显示器的色彩为 (数字)RGB 模式，即使是为了保证色彩的差异性，也具有 256 种安全色，是用于印刷的 CMYK 四色色彩的几百倍；其二，多媒体作品所有的动态表现，也是传统的纸质的印刷媒介所无法具有的。动态的表现能够扩展空间的广度，也能够延长空间的深度。

☐1 光影造就的空间

与平面的传统媒介相比，多媒体作品界面上的光源来自于界面物体的背后光，或者多个光源的投射产生的光，而传统媒体中的光源来自于光的正面投射。由于多角度光源的原因，多媒体作品的界面更容易造就空间，同时利用 RGB 色彩的丰富变化更容易扩张空间的广度和深度，这要归功于多媒体所具有的优势。

空间的存在可以借助于投影来界定，投影能够表明物体的体积空间，在光投射的虚设的空间中，所有具有实体的形象的物体，按照正常的逻辑规律，都会呈现出投影。光的来源角度不同，投影的变化也不尽相同。当物体具有投影的投射的时候，物体的空间便不尽然地呈现出来，空间的深远也可以靠投影来实现。投影的形式也表明了处于环境中的能够产生投影的材质的质感，投影也可以指明光的来源。

---

① 投影

利用投影创造平面上的虚幻空间，投影的存在能够表明距离空间的存在。加有投影的物体就具有了落脚点，不会产生飘浮的感觉。投影与物体的距离越远，产生的空间就越大。投影也是衬托物体质感的一个手段，加有投影的物体看上去更有立体感。投影能够表明空间的存在，尤其是对具有材质质感的物体，加有的投影能够使物体看上去更具有份量，见图 5-7。

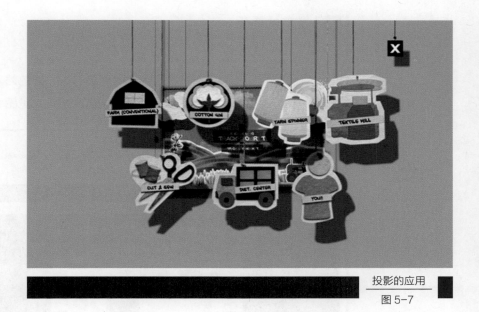

投影的应用

图 5-7

② 镜像

通过镜像塑造的空间感是现在界面设计中应用最广泛的表现手段之一。如果按照正常的现实，完全的镜面倒影并不完全符合客观的真实性，但在设计实践中，完全的镜面效果似乎很符合界面中空间塑造的需要。艺术本身就是经过加工过的一种集聚视觉感受的表现，夸张的表现方式也是艺术中最为显著的表现之一，见图 5-8。

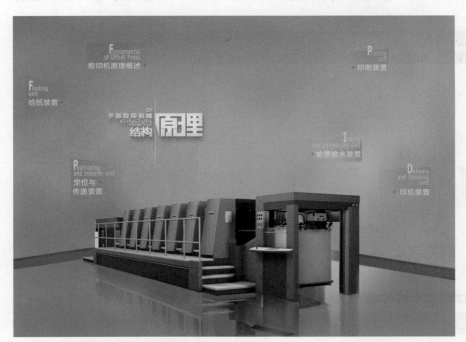

多媒体作品《平版胶印机械结构原理》的主界

图 5-8

③ 灰度的变化

颜色深的具有远距离感，颜色浅的距离感近。颜色的对比度强的给人一种近的感觉，对比度弱的给人一种远的感觉，见图 5-9。

《Starflower Design Collective》的界面

图 5-9

④ 虚实

运用虚实造就的空间，就如同镜头下的近远景的拉伸一样，越清楚的表明距离越近，越模糊的表明距离越远，见图 5-10。

虚实的应用

图 5-10

② 方向感造就的空间

当界面中不具有动态的表现时，方向性也可以产生空间感，这种空间感产生于人的心理感受。在以静止状态存在的界面中，方向感所造就的空间是不会发生应时的变化，不会无限地拓展空间的宽度和广度，具有一定的局限性的。这种空间感是通过物体二维的方向变化而引发的空间感，Flash 动画技术的动态应用使得原本静止的三维空间无限地扩展、延伸，动态的变化使空间发生应时的改变，虚拟出毫无止境的浩瀚的空间，见图 5-11。

方向感造就的空间
图 5-11

方向感造就的空间
图 5-12

当两条相对的弧形线出现时，就容易使视觉产生向深度延伸的感觉，这也是充分应用了透视原理通过方向性造就空间的一种表现。通过方向性造就的空间也都是运用透视的原理使界面产生空间感，见图 5-12。

3 色彩造就的空间

　　每个单个色彩都会产生不同的空间感，纯度高的色彩感觉距离近，纯度低的色彩感觉距离远，明度高的色彩距离近，明度低的色彩距离远，暖色调的色彩距离近，冷色调的色彩距离远。

　　当两个相对的色彩属性碰撞在一起时，也会产生出色彩的空间感——近与远。近与远的程度，究竟近是近多少，远是远多少，这完全取决于其中色彩的属性的程度。

　　在色彩所营造的空间中，一般情况下，暖色调的色彩在空间上会产生一种前进、扩展的感觉，冷色调的色彩在空间上会产生一种后退、收缩的感觉。用冷、暖对比所造成的前进、后退的视觉感受来制造界面空间，能够增加界面的层次性。色彩的冷、暖，明度的变化、纯度的变化推、拉空间，在使界面中的空间层次丰富的同时，也能够扩展界面空间的深度与广度，见图 5-13。

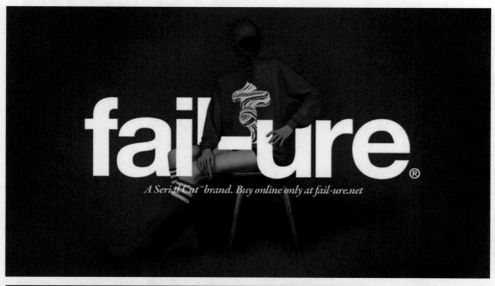

色彩造就的空间

图 5-13

4 动态造就的空间

　　上面所讲的光影造就的空间、方向感造就的空间、色彩造就的空间都是处于静止的空间，由于不具有动态性，因此不会随着动态的动作的发生而产生空间的应时变化，不会随着动态的变化无限拓展空间的宽度和广度。动态造就的空间可以随着物体的动态的变化无限延展空间，空间的变化包括深度、广度和维度。这是动态引发空间的特殊性的表现。

　　在多媒体界面中，无论是色彩的动态表现还是动画的动态表现，都可以使界面的深度和广度得到延伸，从而产生空间感，见图5-14。

　　在现实中，物体要动，"动"的发生就需要空间。

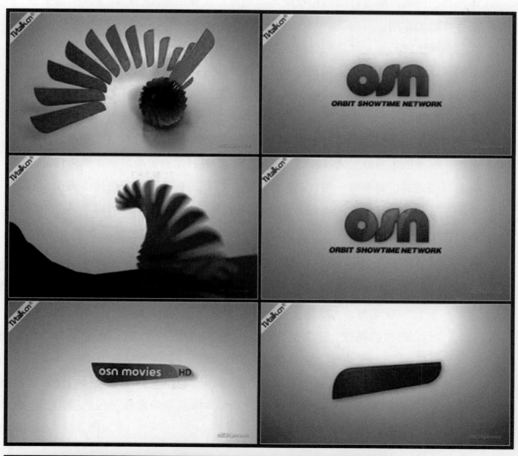

动态造就的空间

图 5-14

5.3

框架与布局

　　每个多媒体作品都具有自己的独立的信息结构架构、自己的空间布局，同时多媒体作品本身所具有的表现的多样性，也使得每个多媒体作品都具了有自己的表现形式。在面对每个新的多媒体作品的时候，通常在 30 秒内要做的第一件事就是对整个界面进行一次彻底扫视，在试图了解整个作品的主要内容和功能布局后，再决定是否要更深入的浏览，还是要选择退出。结构框架的不明确和功能布局的混乱会严重影响受众的浏览和体验，在短短的 30 秒内，受众简单执行了几个功能操作后，混乱的状态会让每个使用者都抓耳挠腮、手足无措，因此直观、明确的结构框架和布局能够给人以条理清楚、信息结构明确的感觉，也能使受众在交互体验的过程中获得享受，愉快的交互体验是每个多媒体作品的终极目标，好的结构框架与布局能够在作品中起到帮助受众实现愉快交互体验的作用。

　　多媒体作品本身就具有自己的独特性，虽然网页和多媒体界面都基于交互性的设计，但不同的是，网页的设计可以准许内容与框架相分离，在同一框架中可以填充进任何内容和信息，内容和信息的改变并不影响框架的建构。尤其在门户类的网站中，固定框架的建构最为典型，固定的一致性的框架建构也有助于网站信息的更新。而在多媒体作品中，多媒体作品的内容与框架是紧密结合的，框架的本身就是内容传达的一部分，框架的建构也是根据多媒体作品的内容而搭建的，具有唯一性，指向性明确。搭建的框架的本身也是作品设计表现的一部分，也是内容的需求表现，也只适用于单一的作品，目标明确。与网页界面相比，多媒体作品的界面更强调的是整体信息的传达，即：界面 = 信息。

　　多媒体作品内容信息的呈现是通过内容整合后的呈现，是经过对内容的分析，对信息进行梳理，根据内容所要传达的信息而选择、设计出能够更直观、快捷地传达内容信息的多媒体表现手段。在多媒体作品中，图片的浏览、视频、虚拟的再造、语音的同步、互动的游戏等的设定，也都是为了能够使多媒体作品的信息传达更快捷，帮助受众达到最快的认知。而按照内容资料单一的照搬、对于资料不加以分析梳理，一味照本宣科地设计，就会使多媒体作品的存在丧失了自身的意义。多媒体作品中的多种手段的应用，也更体现出了多媒体作品的多样性。

① 一致性的格局框架

Apple 公司的领导者 Steve Jobs 是对第一印象非常执著的人。第一印象是对每个新事物的初次的感官感受，也是决定着后面动作的关键的第一步，Apple 的成功就是对第一印象的执著，这种执著是自始至终的。从产品的包装到真正产品的使用，Apple 无不充满着惊喜，而这些惊喜又都性格鲜明地标有 Apple 设计语言的杰作。单是一个包装着 MacBook Pro 的包装盒，就令人满怀期望和惊喜，一旦打开包装盒，经典 MacBook Pro 的设计更令人惊喜。当 MacBook Pro 安置在书桌上，启动，这些鲜明的标有 Apple 烙印的设计从一开始就一直延续下去，这就是一致性。Apple 对第一印象的执著的追求，是整个 Apple 设计语言的一致性的追求，从外包装到产品再到界面，每一个、每一步都做得那么到位，这种一致性使得 Apple 的影子在每个人的心理都是那么的印象深刻。

格局框架也要这样，要从一而终，才能称为是格局框架。格局框架的一致能够使作品更加具有整体性，系统性，能够使得浏览者有更深刻的印象。界面中的一致性的格局框架是网格原理在界面中的再应用。在版面排版中，网格的排版方式为报纸、杂志、书籍版面的快速编排提供了快捷的途径。著名的瑞士设计师约瑟夫·米勒·布罗克曼在总结网格设计的优越性时说："网格设计就是把秩序引入到设计中去的一种方法"。界面中的格局框架的架构目的就是为了界面元素秩序的统筹。一致性的界面格局框架就如同网格体系一样，在预先设置好的网格区域内，根据不同的内容变化有着不同的形式，格局的布局却永久保留着一致性。具有网格格局方式的一致性格局框架在网页设计中应用颇多，大量的门户型网站的布局形式设计成网格布局的一致性框架结构，就是为了方便信息的随时更新和替换。而多媒体作品本身作为独立的作品形式，具有自己独立的系统体系，每个界面上的结构框架就是作品主题的一部分，与网页界面不同的是，框架与作品主体是合一的、不能分离的。多媒体界面的框架结构具有独一性，是独身打造的，每个框架的设计只适用于唯一的作品，不能多个作品套用。在多媒体作品中的一致性格局框架更多的是以自由的形态存在。

多媒体作品中的一致性的格局框架具有一贯性，在同一作品设计的具体实践中能够不断套用，在实施多媒体项目的实践中能够减少很多的物力、人力，节省大量时间。但一致性的框架结构由于一致的形态、一致的位置、一致的色彩，缺少变化性，而不免让人产生单调、索然无味的感觉。在连续点击界面时，从一级的布局结构直至三级、四级的布局结构，都保持着固定的形式，缺少新意的感觉，总是容易让人感到疲乏，最终选择退出。因此，为了丰富多媒体作品的多样性，保持作品的新鲜感，同一级界面可以保持一致性的格局框架，而不主张多个级别界面保持一样的结构框架，在保持体系结构的同时，还要保留新鲜的视觉感，使多媒体作品更加生动富有吸引力。

图 5-15 和图 5-16 是《盛世钟韵》中的第四级界面，是《观古钟精品》的下级界面。处于这同一等级的界面有九个，分别对九鼎不同的古钟进行详细讲解。

多媒体作品《北京印象》的四级界面

图 5-15

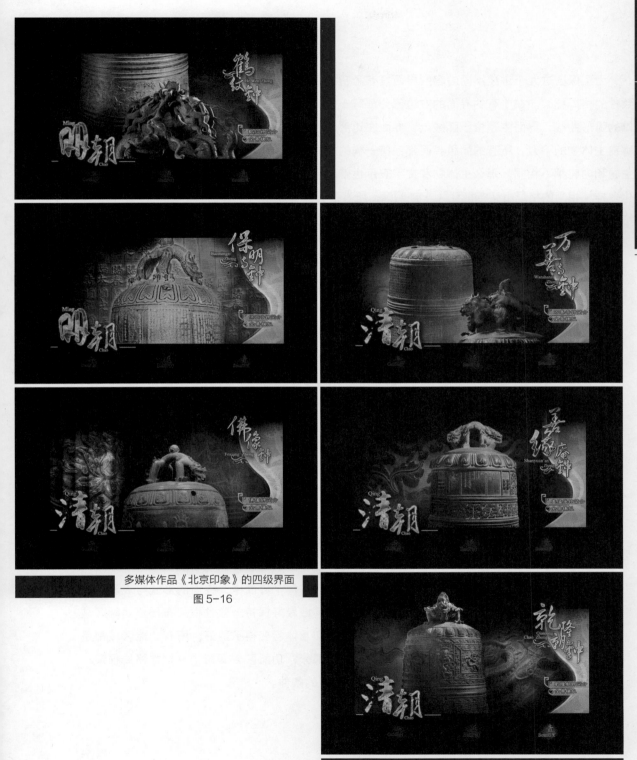

多媒体作品《北京印象》的四级界面

图 5-16

为了保证这九个讲述不同内容的界面具有紧密的联系性，界面的设计使用了一致性的格局框架。在所有的界面的右边部分都有一条弧形的线，这条弧线是来自钟口的弧形曲线，界面主题位于弧线上，界面左边部分区域的主体物突出，时代的名称在主体物的下方。所有的同级界面都保持一样的格局框架，虽然每个界面讲述的主题和内容都不相同，那么主体物和文字表示也就不会相同，画面效果必然也会变化多样。相同的格局框架却能让人十分明确，所有的界面都属于同一级别。

对于功能区域，保持一致性的格局框架是至关重要的。在界面中，功能区域的混乱将会引发巨大的麻烦。当我们在观看多媒体作品时，主界中的退出按钮是位于右下角的图章形状的图形，而在二级界面中，返回的按钮又成了位于右上角的伞状的图形，那下一级界面的返回按钮又在哪呢？又是什么样的图形呢？画面中那么多图形，究竟哪一个才是。这时的我们就像是无头苍蝇似的到处乱撞，唯一的想法就是赶快离开，退出，在连退出的路都找不到时，只能按 Alt+F4 键执行强行退出。即使画面再漂亮、再吸引人，第一次印象再深，在接下来的部分，我们的痛苦经历会使我们望而却步，烦躁的心情、抓耳挠腮、无头苍蝇似的到处乱撞这样交互的体验方式也够叫人头痛的。对于功能性的区域，一致性的格局框架是最好的格局方式。当设计功能区域位于界面中下部时，作品的每个界面的功能区域都保持统一格局，都位于界面的中下部，这就为受众执行交互行为指明了方向性，不会像无头的苍蝇到处乱撞。在受众渴望执行交互时，都会非常明确可以执行交互这一动作的热区所位于的区域范围，在小范围内寻找，指示方向更明确，速度也越快。功能性区域是多媒体作品执行交互动作的关键区，保持功能区域的一致性，是实现良好的交互体验的基础。虽然在每个界面中，界面的形式与表现的方式手法有很多，但对于执行功能的区域最好保持一致性框架布局，功能区域的一致性的框架结构能够使受众的交互体验变得更美好。所有功能区域都是一致的位于界面的中下部和右边的部分，功能区域保持了一致性格局框架，为后面的交互行为的执行提供了很好的条件。

② 变化重复的格局框架

一致性的框架结构虽然能节省很多人力、物力和时间，由于长久的一致性，不免造成单调、乏味的感觉。在此，我们提出变化重复的格局框架。所谓重复，就是保持同样的一致的反复累计，而变化的重复指的是"小"变的重复，"小"变指的是只选择单一一点的变化方式，其他均保持不变。这种变就是在具有某个同一的前提条件下进行单一的变，即变化的重复要求有两个条件，一是保持同一个点不变（如同样的位置不变或是形式不变等），二是只能有同样的一点变化（如颜色变化或是位置变化等）。所有变化都要在同一条件下进行，目的都是要保持整个作品的整体性。我们先借一个在版式中具体应用的例子来说明，见图5-17和图5-18。

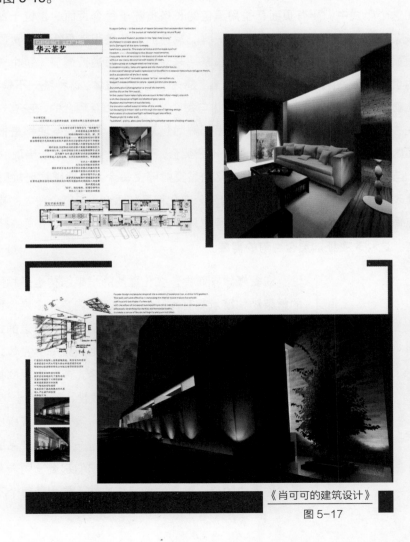

《肖可可的建筑设计》

图5-17

《肖可可的建筑设计》

图 5-18

在这个版式中，所有页面都是用黑色的长条贯穿于每个页面中，位于每个页面中的黑色长条的位置都不一样，长短也不一样。黑色的长条是用来平衡每个页面的布局的。根据页面的内容安排的不同，黑色的长条用来对整个页面进行调节。整个一册中，没有相同的页面，但每个页面间都相互联系着，是一个统一的整体，这种统一不是相同的统一，是变化着的统一。每个黑色的长条的安排与每个页面都是相互融合的，在充分融合的同时，也不失去活泼性，使得整个册子的页面都鲜活起来。每个黑色的条块都是根据每个单独的页面内容量身打造，与每个页面都是十分契合，不会像一致的重复所出现的单一、枯燥、乏味、与页面内容不相容的结果。变化的重复能够使每个元素能够适时地随着界面的不同做着改变，使原本必须要一致延续的部分变化得更加适合，与每个独立的界面相协调。这有点像是"与时俱进"的道理，这种变是有"根"的变化，随着不同的需求做着相应的改变，这种改变更加契合当前的需要。

在多媒体界面中，变化重复的框架结构也是相同的，多媒体作品中的框架结构就承载有作品信息的部分内容。多媒体作品中的每个界面都有自己的独立的信息。作为整个作品的支撑建造的结构框架，不仅要架构每个界面，还要使每个界面之间形成统一的整体，同时要保证每个界面中的框架能够完全与整个界面融合。变化重复的框架结构的优势就在于不仅能够保证整个作品框架的一致性，还能完全满足每个界面的需求，根据每个界面做出调整，从而避免一致性的重复所出现的单调、乏味的感觉。变化重复的格局框架有点像是一系列的产品的包装，不同的变化表明是不同的产品，但能明确的是它们都属于同一系列。不同的是，多媒体作品中的变化重复的框架结构并不是为使每个不同的界面区分，而是为了使每个框架结构能够更好地与每个界面相融合。重复的框架结构更强调的是契合度，这种契合度就像榫卯结构一样，一个与一个紧紧地咬合，彼此都不可或缺。在强调每个契合的同时，还要保持整个作品的联系性，保证整个作品的整体统一（见图5-19）。变化重复的格局框架可以说是"小"变，那么下面的大一统的格局框架就是"大"变了，无论是"大"变还是"小"变，前提都是要保持整个作品的整体性。

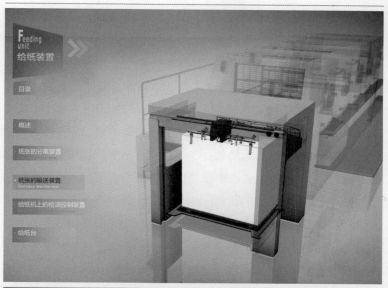

多媒体作品《平板脚印机械结构原理》的二级界面

图 5-19

③ 大一统下的格局框架

　　大一统的格局框架是讲求相似而不讲求相同。在这里，依旧借以众所周知的 Apple 的设计来具体地说明大一统的格局框架。Apple 的总裁史蒂夫·乔布斯（Steve Jobs）对设计语言非常的看重。所有苹果产品的设计都是具有明显的自己的性格特征，是明确地打印上 Apple 这个设计语言标签的。我们热衷 Apple 是因为 Apple 给予了我们许多不经意的惊喜和渴望，无论是从令人满怀期望和惊喜的外包装，还是令人惊赞的产品的设计还是那友好的交互体验，这些惊喜和渴望都是带有明显的 Apple 标示的，这个标示并不是说是 Apple 那被咬了一口的苹果的标志，而是说是具有明确 Apple 特色的设计语言。在我们遇到它们时很容易就会从众多的产品中辨别出"这是 Apple 的"。当我们在看到扁长的超薄的白色金属的 MP3 时，所有人都知道这是 Apple 的，即使是上面没有那个被咬了一口的苹果图形，我们也都能轻而易举地从众多的 MP3 中辨认出来。Apple 的所有设计的语言都是统一的，从包装到产品，再到界面乃至所有……我们不需要看那有没有被咬了一口的苹果形的标志，仅仅是从它的简练的现代的设计语言就能够轻松地辨别出 Apple，这大概就是品牌的终极目标吧。Apple 这种统一的设计语言也就是所谓的大一统的设计。大一统的设计，不是要强求所有的都要照搬照旧，而是要求所有的事物在保持着多样性的同时又有各自间的联系。可能这个说法听上去似乎有些矛盾，可是事实证明，这样的大一统设计是可行的。用个更确切的比喻，就像是一家人一样，虽然每个人和每个人的容貌都不相同，可他们看上去就是一家人，他们具有着的是相似性而不是相同性。大一统的设计强调的就是相似性。

　　我们不渴望能够形成自己独特的设计语言，因为每个多媒体的设计都有着自己的表现的方式，也不可能有像 Apple 那么触类旁通的高端能力，我们所要做的就是对于整个多媒体作品的整体的大一统的掌控。一成不变的设计是枯燥乏味的，多变的设计是烦躁而暴乱的。在不断创造出新鲜的视觉刺激时，共同的设计语言能够在多变中寻找一致，能够使作品更加蓬荜生辉。

　　大一统的格局框架虽属无框架格局的一种，而大一统的格局框架讲求的是在无框架的环境中讲求联系性，这种联系是抽象的联系，是一种虚晃的心理感应，这样的联系更能产生共鸣。大一统的格局框架是按着同理演推的方式执行交互动作。在一个多媒体作品中有很多个界面，除去一个主界之外，下面的二级界面就有几个或是十几个不等。大一统的设计是讲求相似性的设计，即使是色彩、表现形式、布局位置等都不相同，但在所有的界面中大的感觉都是相同的，这就是大一统，在不同中求相同。这种相同性产自于人的心理认知。就像是中国的人文画一样，人文画的表现方式虽多样，可依旧具有相似的特征，相似的特征使得它们同属于人文画的范畴，我们要的就是这种大的一统。

大一统的格局框架在功能区域的运用方面，不是遵循功能区域的位置、色彩、形状等的一致不变，而是根据同理的演推的方式执行功能交互。

在大一统的格局框架下，为了保证多媒体作品的交互功能良好的执行，无论界面中的格局变化再多变，依旧保持功能格局的一致性也是相对保险的设计手法之一。对于大一统下的格局框架的设计相比较于前两种格局框架更难以把握，尤其是这种设计手法具有两面性运用得当的大一统的格局框架能使作品产生丰富多彩、意想不到效果，而运用不当就会给作品带来严重的

灾难。因此，将多种格局框架结合，使每个框架结构都发挥出自己的优势来，也是一种相对保险的设计手段。当然，让三种格局框架结构在实际的设计实践中相互融合，就能发挥出更大的作用，任何一种单一形式的表现的方式都不是聪明的办法，见图 5-20 和图 5-21。

多媒体作品《中国印刷发展图鉴》二级界面

图 5-20

多媒体作品《中国印刷发展图鉴》二级界面

图 5-21

6

第 6 章

创意升级

人的思维是复杂而多变的。不仅不同的人有着各异的思维，就是同一个人也会存在不同类型的思维，下面结合多媒体实际作品具体分析多媒体创意设计中的发散思维、聚合思维、联想思维、逆向思维和形象思维。

MULTI-MEDIA
DESIGN

升级你的创意思维

什么是创意？记得曾看过这样一则寓言：上帝为人间制造了一个怪结，被称为"高尔丁"死结，并许有承诺：谁能解开奇异的"高尔丁"死结，谁就将成为亚洲王。所有试图解开这个怪结的人都失败了，最后轮到亚历山大，他说："我要创建我自己的解法规则。"他抽出宝剑，一剑将"高尔丁"死结劈为两半。于是他就成了亚洲王。这个寓言深入浅出地道出了"创意"二字的真谛。也许，创意本身就是一个怪结，而怎样来解开它也就成为设计师长久以来苦苦寻求的课题。

当然，这只是一则寓言。但作为信息时代的多媒体设计师其实一直都在寻找着一条创意的捷径，摸索着创意的真正内涵。

---

1 多媒体作品的创意设计
要解决的首要问题是整合

在多媒体作品创意设计中"整合"这个词被赋予了很多不同的意义。这里仅从媒体表现方面做一些探讨。在传统的设计中，由于媒体类型的局限性往往会使作品中欲传播的多种信息受到束缚。如印刷媒体多媒体作品满足的是视觉信息的传播，于是有了"读者"这个称谓；广播媒体满足的是听觉信息的传播，于是又有了"听众"这种称谓；电视媒体可以同时满足视、听两种信息的传播，信息的接受者被称为"观众"。无疑，这些称谓都是极其准确的。那么，如何称谓多媒体作品的信息接受者更为确切呢？

据统计学研究表明：在人接受的所有信息中，视觉信息占 65%、听觉信息占 20%、触觉信息占 10%、嗅觉信息占 3%、味觉信息占 2%。多媒体作品的优势就在于可以通过计算机这个平台将多种类型的媒体同时传递出来。而此时人可以真正通过多种渠道同时接受信息。因此，对于多媒体作品的传播对象我们应称之为"受众"，即信息的接受者。

有了这样一个定义后，对于多媒体作品的创作要求也就更加明确了。几年前，网络媒体曾经被批评为"电子报纸"，这种指责不是空穴来风，而恰恰在于当时的网络媒体没有充分体现出多媒体作品的优势和特色。由此可见，在多媒体的创意设计中能否成功地对多种媒体类型进行整合已经成为受众对多媒体认可与否的一个重要的衡量标准。

同时，整合并不仅局限于多媒体作品媒体信息传递的全过程，还在于应该通过创作者独特的创意设计，有效地将多媒体作品与受众紧密地"整合"在一起。记得在第八届莫必斯国际多媒体大奖赛上曾经看过一部反映食肉动物如何捕捉猎物的多媒体作品，在该多媒体作品中，受众可以如亲临现场一样看到虎、狮、豹分别是如何捕捉猎物的场景，而且可以通过鼠标的操作来更换看到不同的食肉动物与不同的猎物之间的捕食全过程。这样的创意设计使得在多媒体作品的信息传播过程中，受众与多媒体作品紧密地整合在了一起。

[2] 多媒体作品的创意设计要以情动人

艺术的美总是要传达出一定的审美情感：美与丑、爱与恨、欢乐与苦闷等，从而让人们从感情上产生波澜，在情绪上受到感染，使心灵得到净化。因而，情感性和动情性便是艺术美的突出特征。曹雪芹说他创作的《红楼梦》"字字看来都是血，十年辛苦不寻常"，正是这种真情实感使该作品打动了无数读者的心灵。列宾的油画《伏尔加河的船夫》，以饱含的激情，运用变化的笔触，表现了10名纤夫的不同姿态和表情，他们有愤怒、有反抗、有意志、有尊严、有思想。整个画面充满了严峻的气氛，其浮雕式的人物形象极其传神、感人，深深打动着每一个观赏者。刘鹗在《老残游记·自叙》中说："离骚为屈大夫之哭泣，草堂诗为杜工部之哭泣，李后主以词哭，八大山人以画哭，王实甫寄哭泣于西厢，曹雪芹寄哭泣于红楼。"这些论述都说明，是真情实感构成了这些作品的审美价值，也奠定了艺术家的地位。无病呻吟、虚情假意是出不了好作品的，也不会有艺术的美。

多媒体作品《盛世钟韵》法文参赛版

图 6-1

　　多媒体作品也同样遵循这样的原则，以笔者编创的多媒体作品《盛世钟韵》法文参赛版为例：该作品（见图 6-1）要参加 2006 年 10 月于加拿大蒙特利尔举行的第十四届莫必斯国际多媒体大奖赛，由于国际评委团中的国际评委大多为西方人（中方国际评委为周明陶先生、于平安女士、陈奎宁先生），这样以何种形式来表现东方古老的编钟而让西方人能够接受成为了一个难题。为此设计了一个用东方古老的编钟来演奏西方喜闻乐见的乐曲《欢乐颂》的演示片段，通过以情动人的创意设计思想，最终获得了大赛全场的热烈掌声。该作品最终也以全票通过获得了该届国际大赛的最高奖——全场大奖。由此可见，在多媒体作品中恰到好处地使用以情动人的创意设计方法对作品最终的成功无疑起到了至关重要的作用。

③ 多媒体作品的创意设计要以技术为依托

　　多媒体作品中艺术与技术的关系似乎从多媒体诞生不久就一直成为业内人士争论的焦点之一。那么，多媒体作品中的艺术与技术究竟是怎样一种关系呢？一名优秀的作家要善于组织语言，而一名优秀的导演在自己的影视作品中要表达某种意思时，就不能仅仅通过演员的台词或画外音来表现，而是要善于运用镜头语言来将自己的意思传递给观众。

　　一名成熟的多媒体作品创作人也要善于运用多媒体特有的思维表现方法来进行创作。那么，什么是多媒体特有的思维表现方法呢？仍以多媒体作品《盛世钟韵》为例，在表现我国战国时期的曾侯乙编钟时，应该怎样来表现才能使这 65 口古老的编钟能够更容易为受众所乐于接受？如果仅仅通过文字、图片、真实拍摄视频来加以表现，坦率地讲，这不是真正的多媒体作品所应具有的全部特征。更为尖锐一些的看法是，这一切是在图书媒体、影视媒体中就可以并应该做到、做好的事情。这是将印刷媒体简单的数字化，而并非是具有时代特点的多媒体作品。于是在该作品中设计了三层不同的技术表现手法：

　　首先，可以通过鼠标的拖拽和选择从不同的角度、不同远近来任意、细致地对每一口编钟进行观察（见图 6-2）。

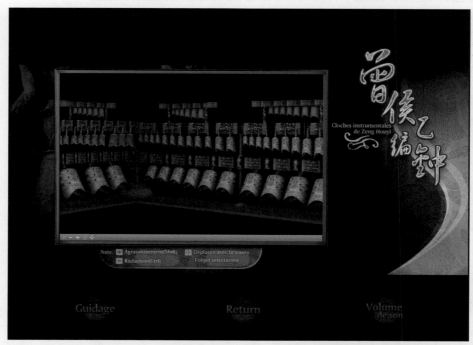

多媒体作品《盛世钟韵》之《曾侯乙编钟》界面

图 6-2

其次，可以通过鼠标敲击任意一口编钟，听到该编钟的声音，并提供不同的背景音乐来为受众的敲击进行伴奏（见图6-3）。

第三，为受众提供曲调提示，当受众按照空中落下雪花的先后次序依次敲击相应的编钟的时候，就可以听到大家耳熟能详的《平安夜》曲调（见图6-4）。

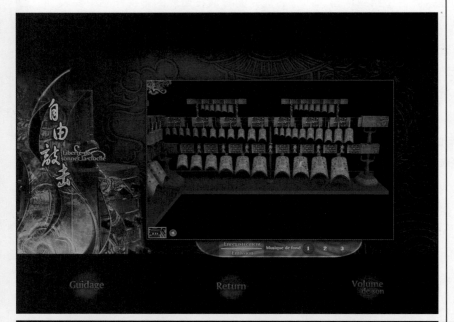

图6-3

图6-4

当然，《盛世钟韵》仅仅是我们创作过程中一个有益的创作作品，不能也不可能包含多媒体作品所有的思维表现技术。准确地讲，这部作品是一个对多媒体作品创作思维有益的尝试。在这个尝试中，技术担当了重要的角色，为整部多媒体作品注入了新鲜的活力。

应该讲，20 世纪的艺术设计原本是从美术范畴发展而来的，并且是随着社会的不断发展而逐步完善的。艺术设计在保持艺术特色的基础上，吸收高科技和其他学科领域的知识背景、特点和优势。例如，包豪斯顺应了工业社会艺术与科学结合的趋势，支持了将近一百年的现代人类文明。今天的多媒体作品也汲取了印刷媒体、广播媒体、影视媒体、计算机应用技术等方面"养分"综合发展起来的，它的出现不是偶然的，而是一种时代的产物。具体地说，它的出现是计算机技术发展趋向成熟、信息时代到来的必然产物，要取得发展就必须具有能够体现最新技术的闪光点，这是其不断生存发展的工作重点。

4 多媒体作品的创意设计要注意内容与形式的完美统一

内容与形式是任何一个艺术作品必不可少的两个要素。形式是外在的，内容是内在的；内容是形式所要表现的对象，形式必须表现一定的内容才有实际意义。这二者的完美统一才构成艺术形象，也才有艺术美的存在，艺术美就是在内容与形式的水乳交融中呈现出来的整体魅力。宋代郭若虚的《图画见闻志》里记述了一个黄荃改画的故事，可以说明艺术精品所达到的内容与形式完美统一的道理。黄荃是五代时期的后蜀画家。有一次，他被蜀主召到内殿一起欣赏唐代大画家吴道子的名画《钟馗捉鬼图》。蜀主十分赞赏这幅画，只是觉得有一个小小瑕疵，于是对黄荃说："钟馗以右手第二指掐鬼的眼睛，不如用大拇指有力量，你拿回去改画一下。"黄荃回去琢磨了好几天，觉得不好在原作上修改，于是重新画了一幅钟馗用大拇指掐鬼眼的画并请蜀主过目。蜀主问他为什么要另外画一幅。黄荃解释道："吴道子画的钟馗，眼神和全部力量都用在第二指上，陛下叫我改画成用大拇指掐鬼眼，单改第二指是不行的，钟馗的眼神和整个形象也要随着改变，我不愿毁了吴道子的珍品，就只好另画了一幅。"蜀主惊叹他的艺术见识，就重赏了他。通过这个故事，我们不难体会到内容与形式之间完美统一的重要性。

在多媒体作品中也是如此，如在《盛世钟韵》中，有一部分是要讲解钟壁的厚度与钟发声之间关系的内容。内容定下来了，究竟该采取怎样的形式来加以表现呢？最终设计完成的表现形式如图 6-5 所示。受众可以通过鼠标拖动该界面中的钟壁改变厚度，随着钟壁厚度的改变，可以即时听到不同厚度钟壁的钟被敲击时所发出来的声音。同时，计算机会根据不同的声音即时计算出相应的音波波形图，显示在钟体下的方框中。通过多媒体这种将内容与形式结合的创意设计，受众可以获得更为准确、真实、生动的信息。

多媒体作品《盛世钟韵》之《声学演示》界面

图 6-5

升级多媒体作品的创意就需要：以有机地整合多种媒体类型为创意设计的重要标志；以先进的多媒体技术为依托；以情动人为创意设计的突出特征；而内容与形式的完美统一则是多媒体作品的创意升级的完美体现。

6.2

界面创意思维方法

1 发散思维方法

手表是什么样子？ U 盘又是什么样子？ 在早已进入信息时代的今天，这样的问题听起来似乎有些无稽。让我们先来看两件作品(见图 6-6 和图 6-7)。图 6-6 为手表，图 6-7 为 USB 手环。这两件作品也许会改变一些我们头脑中手表和 U 盘的概念吧？

图 6-6

图 6-7

这里的手表和 USB 手环的确给我们带来一种完全不同的惊喜感受。这就是发散思维带给我们的一份厚礼。发散思维，顾名思义是指思维形态呈发散状的一种思维方式，即从一个基本点出发，思维向四面八方做立体式的放射思考，力求提出大量富有价值而又新颖独特的设想。它是由美国心理学家 J.P. 吉尔福特提出的，也被称为辐射思维、求异思维。

在多媒体作品的编创过程中，对于发散思维我们究竟应该怎样认识、理解与把握？以便我们能通过发散思维创造出更多优秀的多媒体作品呢？可以通过对发散思维特征属性的深入研究，来更好地认识、理解发散思维。下面仅结合实际创作体会对发散思维 3 个主要的特征点做一些具体的分析。

① 多样性

这是发散思维的主要探索方向与特征，要求设计师针对一个多媒体作品在短时间内能够尽可能多地想到多种答案，使多媒体作品市场呈现百花齐放的繁荣景象。针对国内目前的多媒体作品市场，特别是电子多媒体作品市场，一些出版公司为了单纯追求眼前的经济效益，创作出的多媒体作品仅仅将出版信息做了简单的数字化就推上市场。这种杀鸡取卵的做法不免使人感到有些遗憾。这种危险的做法最终将使广大受众质疑多媒体作品的独特魅力，并最终使多媒体作品走向衰亡。同时，如果从设计师的思维方法角度来看这个问题，也反映出这些多媒体作品的设计师缺乏发散思维，针对选题不能提出更多的解决方案与观点，一味照搬复制，思维多样性发生阻塞。

② 变通性

指设计师在思维的过程中能够做到随机应变，触类旁通，不受现有知识和思维定势的束缚，提出新的办法与构思。这是发散思维训练的关键。思维的变通性具体体现在以下 5 种能力的综合运用上：

<1> 随机应变能力

在艺术中有句常用的话：变则通。取意为：作为艺术一定要根据主观或客观的具体情况而适当的进行变化，只有不断变化发展的艺术创作才能跟得上时代的潮流。而发散思维体现的是对正在变化的条件的一种适应能力。

<2> 摆脱惯性能力

表现为设计师思维方式的变化能否摆脱自身习惯的思维方式（即思维惯性），而从不同角度看问题，重新定义或界说问题，尝试对问题作出多种解释的能力。

<3> 重新解释信息能力

指设计师根据信息予以修正或通过重新定义改变语词或概念定义的能力。

<4> 自发能力

指在做不同事情时，设计师自发地改变心理定势的能力。

<5> 转化能力

指设计师在创作过程中用一种事物替换另一种事物，从一个层次转换到另一个层次，从一个门类的用途或功能转换到另一个门类的用途或功能的转化能力。转换能力是非常重要的创造性思维能力。转换的次数越多，速度越快，转换能力越强

③ 独创性

独创性是指设计师对事物的见解新颖独特、与众不同，能够从新的角度、新的观念去认识、反映、分析事物，并最终解决问题。应该讲，独创性主要解决的是培养设计师思维的新异独创性，以及是否能做到与众不同。

综上所述，多媒体创意中的发散思维往往要求设计师在思维过程中不受条条框框的束缚，也不拘泥于任何一种程式化的创作思路，而充分注意思维过程中的各项条件，充分发挥创作者的探索性和想象力，调动并将积淀在创作者大脑中的知识、经验、信息和观念进行重新排列组合，最终在思维结果上找出更多、更新的设想和解决方案。发散思维既有利于拓展多媒体作品设计师的思维的广阔性和开放性，也有利于其思维在空间与时间上的拓展性和延伸性。

---

[2] 聚合思维方法

如果说发散思维解决的是思维的宽度，那么聚合思维解决的就是思维的深度。聚合思维又称为收敛思维、轴合思维、集中思维，是指创作者搜集与问题相关的信息，并在思考和解答问题的过程中对这些信息进行重新组织和推理，以获得最佳答案的收敛式思维方式。与发散思维围绕一个中心问题将思维向外界发散的思维方式相对应，聚合思维是通过对多种信息的综合分析，最终将思维集中指向一个中心问题进行深入思考。

虽然从思维方法上看，发散性思维体现的是思路的灵活敏捷，聚合思维则体现出思路的深入凝重，但从整个思维过程来看，聚合思维和发散思维是统一贯穿于整个思维过程的（见图 6-8）。

问题的提出 ⟶ 发散思维 ⟶ 聚合思维 ⟶ （其他思维方法或前面思维过程的重复）⟶ 问题答案

图 6-8

从思维的整个过程来看，发散性思维是聚合思维的基础，聚合思维是发散思维的出发点和归宿，在解决实际问题时，这两种思维先后贯穿于思维的全过程中。聚合思维在进行筛选新方法、寻找新答案、得出新结论时，需要首先应用发散思维去寻找和搜集相关信息，通过开阔思路来提出多种新设想、新办法，再运用聚合思维对这些信息进行综合、归纳、分析，从中提炼出最准确的答案或解决方法。

多媒体作品设计师应在发散思维的基础上不断提高自己聚合思维的思维深度。那么，工作中如何来有效提高自己的聚合思维深度呢？提高聚合思维能力可从以下三个途径来展开：

❶ 提高就一个既定主题不断深入的能力。体现在设计师能否善于全面地思考和分析创作主题，并对一个既定的主题不断深入提炼的能力。

❷ 提高对创作素材的取舍能力。体现在设计师能否善于抓住事物的主要矛盾，能在众多的答案中做到有取有舍。

❸ 提高对创作内容的分析能力。体现在设计师能否善于在分散的内容线索中找到各部分之间的联系。

2008 年 8 月 8 日北京承办了举世瞩目的第二十九届奥运会。有同学创作的多媒体作品为表现奥运内容题材作品，取名为《圆梦》。应该讲，中国承办奥运会的确圆了一个长久的梦想。那么，该确立怎样的主题来表达这种对奥运的向往和追求呢？又该如何来表现呢？面对众多的历史事实与历史事件，又该怎样来进行选取？

如果我们运用聚合思维来进行深入思考，就这个题材不断深入，则不难发现："圆梦"强调的重点在一个"圆"字，其重点表达出的是我们成功承办奥运会的自豪感。而在这个圆梦的过程中，中国人付出了太多的努力，也有很多感人的事迹。因此建议该同学将题目改动一个字，改为《追梦》。一个"追"字更好地表达出了中国人自强不息、对奥运会及世界人民大家庭和睦共处的向往与努力。

主题定下来了，接下来面临对创作素材的取舍。为启发学生掌握应用聚合思维对素材进行取舍的方法，我们列举了 3 组实际事例来进行对比：

❶ 1932 年，在美国洛杉矶举办的第十届奥运会上，中国运动员刘长春是唯一一位参加正式比赛的中国运动员；而时隔 58 年后，2008 年北京奥运会上中国派出了由 639 人组成的奥运军团！

❷ 原来是中国运动员到国外参加奥运会——1993 年中国申奥失败——2001 中国申奥成功——2008 年中国成功举办奥运会。

❸ 1984 年，在美国洛杉矶举办的第二十三届奥运会上，中国选手许海峰获得中国历史上第一块金牌，中国以 15 块金牌的总成绩位居奥运金牌榜第四；2008 年，第二十九届北京奥运会上中国以 51 块金牌的总成绩骄人地排在奥运金牌榜第一。从 15 块到 51 块的变化很说明问题。

以上 3 组实例原本是各自独立的创作素材，当它们各自独立的时候，我们似乎看不到素材本身除了记录历史外又表达了怎样的意义。但是当我们运用聚合思维在分散的内容线索中找到各部分之间的联系，当我们将这些原本独立分散的信息聚合在一起进行对比的时候，我们真地看到了中国的不断强大，也看到了中国人对奥运会追求的真诚与热情。同时，通过对素材的梳理，创作主题得到了一定的升华。

聚合思维可以帮助我们在多媒体编创中更好地深入钻研和思考问题，区分本质与非本质特征，抓住创作的主要方向，最终表现出立意深刻的主题思想。

③ 聚合思维方法

"云想衣裳花想容,春风拂槛露华浓。若非群玉山头见,会向瑶台月下逢。"每当读起李白的这首《清平调·其一》便会被诗人唯美、准确、生动的语句所折服。在这首诗中,诗人采用云、花、露、玉山、瑶台、月色,来间接赞美了杨贵妃的丰满姿容,却不露痕迹。特别是第一句"云想衣裳花想容",通过天上的云联想到人的衣裳,由花的美丽想到人的容貌。这里诗人通过云和衣、花与容的相似性巧妙地把不同的事物联系在一起,在这个过程中扮演纽带角色的则是联想思维。联想思维是一种由此及彼、由表及里的思维过程,是指通过一件事情的触发而转移到另一些事情上的思维。

与其他思维形式相比,联想思维体现出了思维的跳跃性,不是一般性的思考问题,而是由此及彼地思考,是对问题思考不断深化的过程。不仅如此,联想思维还能通过已经认识了的事物去预测尚未认识的事物,从而借鉴已知事物的有关知识来认识未知的事物。

很多人经常将联想思维局限在文学艺术创作中,其实不仅如此,在多媒体创意中,在科学研究领域中,联想思维也被频繁使用。下面仅就联想思维中的相似联想、对比联想、接近联想在多媒体创意中的应用来具体举例分析。

① 相似联想

相似联想是指思维主体把所有思考对象同存储在自己大脑中的相似经验、动作与事物进行比较的联想。即使客观事物之间有不同之处,都可以在一定层次上找到它们的相似点,进而使它们在某一个结合点上联系或统一起来。因而,这种依据事物和认识之间的相似性而进行的联想,便被称为相似联想,也称为类似联想。

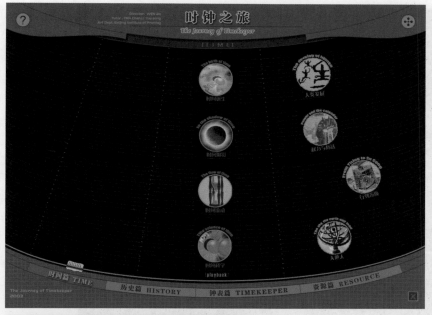

多媒体作品《时钟之旅》界面

图 6-9

　　图 6-9 为某同学的毕业设计作品《时钟之旅》。从界面设计中不难发现，该界面很像一个飞行器的窗口，而暗色底上的圆形热区按钮则更像透过这个窗口所看到的分布在太空中神秘的星球。整个界面看上去就显得非常切题，既有时代科技感，又具有一种神秘感。该学生正是抓住了"时空之旅"和"太空之旅"的相似性，完成了设计任务。虽然这不像杜甫的名句"天高云未尽，江迴月来迟"中把云和月的移动现象同人的脚步移动联想在一起那样令人亲切，但作为一名多媒体艺术设计的后起之秀也是一次有益的尝试。

② 　对比联想

　　对比联想是指思维主体将所考虑的问题与存储在大脑中的已知信息或经验进行对照的联想。这种联想可以是正面的对比联想，可以是反面的对比联想，也可以是正反兼有的联想，还可以是正反对照以突出其反差的对比联想（见图 6-10）。

多媒体作品《黄永玉八十艺展》的主界面

图 6-10

图 6-10 为多媒体作品《黄永玉八十艺展》的主界面。黄永玉是我国画坛一位杰出的艺术家，其个性磊落，喜恶分明。为表现出他的这种人品，在设计中，设计者大胆降低背景色调，以反衬灯光之下的黄永玉像和烛台。正如《文心雕龙·丽辞》中所述"反对为优，正对为劣"，这种通过加强相反的对比来显著地互相映衬的方法在这部作品中收到了良好的效果。

③ 接近联想

接近联想是指思维主体借助时间和空间上与外界刺激有关的事物、动作或经验进行的联想。在实际创作中，接近联想比较容易与相似联想混淆。需要说明的是：接近联想是由于事物空间和时间等特征的接近而形成的联想。例如，在科学创意中，接近联想往往被作为从已知探索的桥梁来应用。典型的案例当属 1800 年 3 月门捷列夫在彼得堡大学的一次化学学会上宣布化学元素周期表的发现，提出 6 种化学元素。他发现，化学元素都是因原子结构的特殊性而按照一定秩序排列的，按次序排列的元素经过一定的周期，它们的某些主要属性又会重复出现。而在每个周期范围内，一定的属性是渐变的,即相邻两元素的主要物理、化学性质应该是相近的。如果这种渐变性因为突然的跳跃而中断,就会联想到这里还可能有一个未知的元素存在。门氏恰是运用这种接近联想法,提出了一些空位上的未知元素,并预测了这些元素的物理、化学性质。后来的事实证明了他的这些设想。

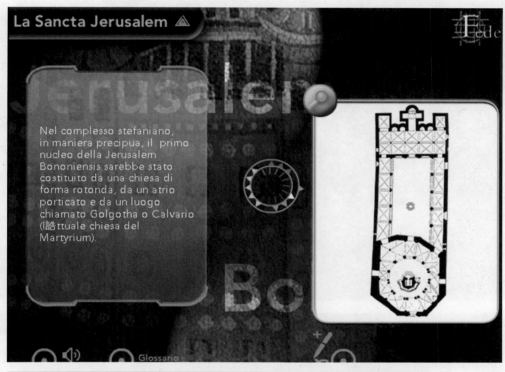

图 6-11

在多媒体创意中,接近联想也经常被应用在导航的设计中。图 6-11 为一部国外的作品,其主要内容为讲述教堂的各组成部分。在导航设计中,设计师将 12 个导航按钮设计在一个圆环之上,受众按照圆环点击就可以看到教堂的不同组成部分。应该讲,在一个界面上设计 12 个热区是比较困难的,因为如果按钮设计大了则影响界面美观,如果设计小了则不易为受众所识别。设计师正是巧妙地应用了接近联想思维,使这 12 个按钮既不影响界面,又能轻易地为受众所使用。

④ 逆向思维方法

记得曾经看过这样一个故事：达芬奇在创作《最后的晚餐》（见图 6-12）的时候，出卖基督的叛徒犹大的形象一直没有找到合适的构思。

达芬奇的《最后的晚餐》
图 6-12

为此，达芬奇循着习惯的创作思路，努力寻找犹大的创作原型，但却始终没有找到。直到有一天修道院的院长警告他如果再不完成创作就要扣他的酬金，达芬奇本就对这个院长的贪婪感到憎恶，此刻突然转念一想何不以这个院长为犹大的创作原型呢？

于是他立刻动笔把修道院院长画了下来，使这幅不朽的传世名作中可耻的背叛者有了自己准确生动的形象。传说公爵莫罗殿下来看定稿的《最后的晚餐》时当看到犹大的面孔时忽然笑了起来："犹大！简直和修道院院长一模一样，他不给你安宁，他妨碍你的工作，你非常巧妙地报复了他让他永远留在这张桌子的后面吧。"我们现在看到画面上面那个犹大的头准确地反映出一个可耻叛徒的丑恶形象，也是对残酷无情的小人的真实写照。

达芬奇在创作犹大这个形象的过程中所用到的思维被称为逆向思维，也称为反向思维、求异思维。逆向思维是对司空见惯的似乎已成定论的事物或观点反过来思考的一种思维方式，即让思维向对立面的方向发展，从问题的相反面深入地进行探索，进而提出新的答案。

作为一种独立的思维形式，逆向思维方法也有其自身的规律可循。概括起来，逆向思维的方法主要分为以下 3 种：

<1> **反转逆向思维法。**

反转逆向思维法是指从已知事物的相反方向来展开设计思考的思维方法。

例如，对传统破冰船的设计改造就是成功应用反转逆向思维的一个典型设计案例。传统破冰船的工作原理都是依靠自身的重量来压碎冰块的，由于这种船的头部都采用十分笨重的高硬度材料制成，使得船体转向非常不便，因此这种破冰船非常害怕侧向漂来的流水。前苏联科学家运用逆向思维对破冰船进行了改造设计，变依靠船头向下压冰为向上推冰，即让破冰船潜入水下，依靠浮力从冰下向上破冰。新的破冰船设计得非常灵巧，不仅节约了许多原材料，而且不需要很大的动力，自身的安全性也大为提高。遇到较坚厚的冰层，破冰船就像海豚那样上下起伏前进，破冰效果非常好。

<2> **转换逆向思维法。**

转换逆向思维法是指在设计思考过程中，当一种设计思路受阻时，设计者转换思考角度，以使问题顺利解决的思维方法。

典型的例子就是灯笼的设计。自古以来都说纸包不住火，但是如果运用转换逆向思维法来思考就会发现：纸之所以包不住火，是因为两者之间的接触。那么，如果不让纸和火接触呢？于是，中国人巧妙地设计出了灯笼，从而实现了纸"包"住火的可能。

<3> **缺点逆向思维法。**

缺点逆向思维法是指设计中利用事物的缺点，将缺点变为可利用的东西，化被动为主动，化不利为有利的逆向思维方法。这种思维方法的特点在于不以克服事物的缺点为目的，而将缺点化弊为利，进而找到解决方法。

在服装设计行业中也有这样利用缺点逆向思维的典型案例：一次某时装店的经理不小心将一条高档呢裙烧了一个洞，使其身价一落千丈。如果用织补法补救，也已是回天乏术。于是这位经理巧妙地运用缺点逆向思维法，在小洞的周围又挖了许多小洞，并精于修饰，将其命名为"凤尾裙"。一下子，"凤尾裙"销路顿开，该时装商也因此出了名。

逆向思维者的特点就在于：善于采用反常规的思维方法，或从事件的结果向前推导，或故意从反向的角度看待某一事物，或在某种特定情境下逆大势而行动，以达到自己特定的思维目的。

下面以多媒体作品《北京印象》为例来介绍逆向思维在多媒体作品中的应用。通常，多媒体作品中的按钮大多摆放在界面上，任受众点击。如果我们运用逆向思维来思考：为什么按钮一定是固定的？为什么按钮不能运动起来？如果我们这样想就不难设计出新的按钮交互形式。

多媒体作品《北京印象》中的"琼岛春阴"模块

图 6-13

图 6-13 和图 6-14 是《北京印象》作品中"琼岛春阴"模块的虚拟游历交互界面。

多媒体作品《北京印象》中的"琼岛春阴"模块

图 6-14

在这个界面中，对场景按钮、时间按钮的设计采用逆向思维方式来完成。这里设计了一个多层的罗盘式旋转按钮，选择不同的功能按钮不是通过对按钮的点击来完成，而是通过对按钮的旋转来完成的。当不同的按钮选项被旋转到罗盘指针处的时候，可以分别执行相关的按钮命令，一改传统多媒体按钮的设计思维。

应该讲，逆向思维是创意思维方式中难度较高的一种思维方式，打破了正向思维视野的局限，创造出了新的概念和思路。一旦运用得当，就能起到出奇制胜的效果。逆向思维将人们的思维视野从熟悉引向陌生，让人耳目一新。

⑤ 形象思维方法

　　一部成功的多媒体作品往往可以创造出一个或多个令人记忆犹新的形象来为人们所认可。在多媒体作品编创过程中需要编创人丰富多样的形象思维。那么，形象思维到底是什么？其在多媒体作品的创意中又是如何来应用的？下面从形象思维的概念来开始对它的研究。

　　形象思维是指用直观形象和表象解决问题的思维，即受众通过对事物具体形象的认识和分析，来判断和把握事物的本质及其运动规律的思维方式。

　　谈到形象思维，很多人首先想到的代表事例是婴儿对形象易于接受这一现象：如人从出生伊始对事物的认知就偏重于"形象"，婴儿会对各种形象性的玩具和图画表现出强烈的喜好。但是，如果因此将形象思维中的"形象"与事物直观"形象"简单地进行对等，则会进入一个对形象思维认识的误区。

如果按发展水平来进行分类，完整的形象思维可以大致分为以下三个层次。

第一层次：学龄前儿童（3~7 岁）的形象思维。
　　　　　这是最为朴素的形象思维。此时，在婴儿的头脑中并没有多少抽象概念，而与抽象概念相对的形象性的事物对于他们则比较容易认识和接受。因此，这一层次的形象思维通常只反映同类事物中一般的东西（简单的、直观的、可以感受到的），不是事物所有的本质特点。

第二层次：成人在接触大量事物的基础上，通过综合分析产生最终事物表象的形象思维。
　　　　　这里的事物表象不是某一种知觉形象的简单重复，它再现的不是客观事物的全部联系和特征，而应该是那些最具有代表性的特征。如表现伟人毛泽东，可能不需要表现他的正面或侧面，也许仅仅通过一个朦胧的背影形象就可以让人一望便知。

第三层次：形象的创作产生超越视觉界限，甚至本身就通过不可视的形象来塑造"形象"的形象思维。

在创作过程中对大量表象进行高度的分析、综合、抽象、概括、想象,最终形成"形象"的过程。这里的"形象"不再局限于真实可视与否。如李白的名句:"飞流直下三千尺,疑是银河落九天"。有谁见过银河的样子,又是如何从九天落下的?虽不可见,但是读者却又结结实实地"见"到了,是在诗人和读者的想象中"见"到了。因此,在形象思维第三层次中绝不仅仅局限于受众的眼,而植根于受众的脑中。

在对形象思维有了一个较为全面的了解后,下面以多媒体作品《耍货柜》(以图 6-15)为例,来分析一下形象思维在数字媒体编创中应用的两种主要方法与途径。

多媒体作品《耍货柜》

图 6-15

<1> 移植与模仿法

移植与模仿法是指在编创过程中通过移植或模仿手段来进行形象创作设计,是数字媒体编创中较为常用的手法。以多媒体作品《耍货柜》为例,该作品讲述中国传统民间手工艺品与玩具。在该作品的创作过程中,有一个模块是专门介绍各种类别的工艺品及玩具的。那么,设计一个什么样的形象来将众多的工艺品及玩具有效地陈列其中呢?这里,创作组的成员将生活中柜子的形象移植过来,设计出一个名为"耍货柜"的柜子的外观形象。将各式工艺品及玩具陈列其中,并可以用鼠标任意点选,被选中的将以大图的形式出现在屏幕中央。这种巧妙利用移植与模仿的方法设计出来的形象既可以在生活中找到原型,却又出人意料,往往可以使受众在亲切易懂的环境中接受多媒体作品的形象设计。

<2> 组合法

组合法是指从两种或两种以上事物或产品中抽取合适的要素重新组合，构成新的代表形象的创作方法。在多媒体作品《耍货柜》的设计中曾经遇到这样一个难题：主界面用什么形象才能够概括出作品中各种不同的工艺品及玩具的形象及特征，并体现出本作品的总体风格？

显然，用某一种形象造型是难以达到以上预期目标的。创作组成员有效地运用形象思维中的组合法，将各种类型的工艺品或玩具代表形象地组合在一个可爱的虎头上（见图6-16），创造出了一种喜庆、丰富、民间气息浓厚的界面气氛。

多媒体作品《耍货柜》
图6-16

形象思维以其对客观事物的独特的认知、理解、运用方式，在多种创作思维中占有重要的一席之地。而能否充分地熟练运用形象思维则成为评价一位数字媒体编创人成熟与否的重要指标之一。

第 7 章
案例赏析

对多媒体界面进行评价不能单以界面的视觉美观作为标准，界面中的功能区域的设计、执行交互动作的友好性都是多媒体界面中重要的部分。光有视觉的美观的画面不能被称为界面，界面与画面的区别就在于界面承载着可以执行交互动作的功能。

MULTI-MEDIA
DESIGN

 7.1 # 《北京印象》的界面赏析

　　《北京印象》多媒体光盘是以表现古老的北京名城为选题，以追忆古都的人文风貌、探究神秘悠久的历史文化为主题，以多媒体形式综合反映了北京的文化景观及自然风貌，为人们了解和研究北京文化提供了宝贵的信息和大量的丰富的史料。

图 7-1

1 《北京印象》主界面分析

多媒体作品《北京印象》是一部讲述北京故事的多媒体作品，对于一个拥有千年悠久历史的文化古城，仅仅通过一部作品是不能把北京的方方面面都讲得清楚而透彻的。在空间有限的作品中，只有通过对这个拥有三千余年悠久历史和八百五十多年建都史的古都的最典型文化的点点滴滴的记载和再现，来呈现出对北京这个人文古都的大的印象，作品的主题也就定位为北京印象。

北京历经五朝都城，历史的沧桑和文化的积累，造就了北京所特有的文化内涵，形成了独有的皇家文化和民俗文化，时至今日北京依旧是中国的首都，是经济、政治的中心。龙是皇家文化的典型特征，雕琢精细的木窗又具有很浓厚的生活的气息，界面中（见图 7-1）将皇家文化和民俗文化的代表浑然天成地结合成一体，体现出北京这个人文古都的独特性——皇家文化与民俗文化的并存。四扇框格是不同的四个二级界面的热区，在每个窗格后看到的是不同的文化缩影。将四个执行二级界面的功能按钮整合在同一个物体之中，完完整整地融入到了整个界面中。在标题文字中的玉玺印章又与"印"同音，不仅能够起到平衡画面的作用，还起到了很强的点题作用。界面将上下两部分深化，既造就了空间感，又能够将视觉的中心完全集中于界面的中心点，视觉流程导览明确而干脆。位于最佳视觉区域的主题标题明确而醒目，在占有大的面积的图像与文字之间做到了恰到好处的协调与搭配，给人以舒适而美好的视觉感受。

各个二级界面主题的命名分别运用了"赏"、"寻"、"探"、"揽"四个动词，即"赏中轴异彩"、"寻皇城旧梦"、"探民居清幽"、"揽燕京八景"，不仅增加了文字的美感，而且能激起读者强烈的阅读欲望，并且"中轴"、"皇城"等词也明确交代了各个版块的内容，"异彩"、"旧梦"等形容词也使题目在保持韵律感的同时更增添了几分情趣。

2 《北京印象》中《赏中轴异彩》的界面

《赏中轴异彩》版块（见图 7-2）主要介绍北京城独特的中轴线建筑格局。自公元 11 世纪以来，曾先后十二次为都，特别是历经元、明、清三代的不断修建，为北京城奠定了坚实的皇城文化。

《考工记》中记载，"匠人营国，方九里，旁三门，国中九经九纬，经涂九轨，左祖右社，面朝后市。"这就是都城方正型建筑理论，而作为这种方正型的中轴线必然有特殊的意义。北京城的中轴线也是北京的生命线，中轴线从永定门到钟鼓楼全长 7.7 千米，中轴线是古都北京的中心标志，也是世界上现存最长的城市中轴线。具有新时代坐标建筑的鸟巢与水立方就位于向北延伸的中轴线上。中国古代帝王皆自命天子，是以大建九重天庭，"坐北朝南，殿宇接天"，试图构建君之权"受命于天"的假象。这也是紫荆城位于城市中心的原因所在。

整个界面中的结构布局全部集中在画面的中心位置，沿用北京城中轴线的理念，将主图像与文字标题集中于画面的中轴线上，用中国的设计语言表现出中国的特色。建筑的屋檐的中心位于整个界面的中心线上，并且屋檐的中心点也直指向"赏中轴异彩"的主题标题。界面中飘动的浮云在整个城市中穿梭，不仅营造出一种无限宽广的空间感，也彰显出北京这个具有千年悠久历史的文化古城的风韵。

多媒体作品《北京印象》二级界面之《赏中轴异彩》

图 7-2

③ 《北京印象》中《寻皇城旧梦》的界面

　　《寻皇城旧梦》版块（见图7-3）主要介绍的是世界上最辉煌的宫殿——紫荆城，即现在的故宫博物院。故宫是明、清两代的皇宫，是无与伦比的古代建筑杰作，也是世界现存最大、最完整的木质结构的古建筑群。在经历了风风雨雨的洗刷之后，宫廷中的权利与争斗都已成为了远去的旧梦。这一板块不仅介绍了紫荆城的建筑理论、主要宫殿和紫荆城三座最主要的城门，也讲述了宫廷礼治等一些鲜为人知的宫廷轶事来满足人们对这个拥有神秘感的古老宫殿的好奇心。

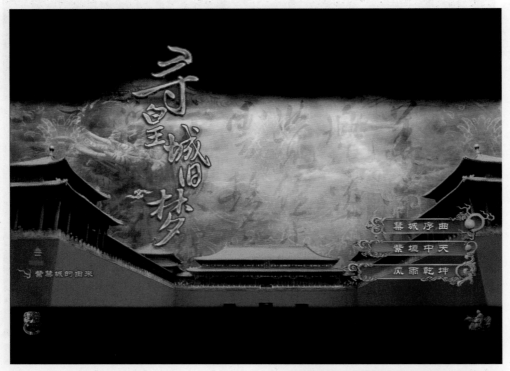

多媒体作品《北京印象》二级界面之《寻皇城旧梦》

图7-3

　　界面中，午门来代表整个皇城，午门是紫禁城的正门，位于紫禁城南北轴线上。因门居中向阳，位当子午，故名午门。午门是紫禁城的正门，与东西北三面城台相连，而环抱成一个方形广场。紫荆城是天子居住的地方，龙又是天子的代表，也就是天子的象征。隐现在界面中龙的形象是皇家的典型特征。威严的午门宛如三峦环抱，五峰突起，气势雄伟，再加上气势宏伟的龙的形象，就更加突显出紫禁城这个皇家建筑的威严肃穆。透过上方蓝色天空中洒向午门的光线的不同变化，加强了从近到远的空间感，也更显现出皇宫历史的庄重与久远。

3 《北京印象》中《探明居清幽》的界面

　　《探民居清幽》版块（见图 7-4）清爽、轻盈的色调在整个作品中起到了调解、缓和凝重气氛的作用。基于前面的"赏中轴异彩"、"寻皇城旧梦"的厚重，"探民居清幽"给人一种轻松、明快的感觉，这也是基于作品内容整体的节奏性的考虑。这个版块主要介绍老北京传统的民居，包括"胡同"、"四合院"、"掌故"等内容，富有强烈的市井生活气息。

　　这个界面，借最具有典型市井生活特征的门墩作为整个主题的代表。在老北京的胡同中，每一家四合院的门前都放有一对门墩，避邪驱恶、守门看户。门墩成为了市井民俗文化的典型特征。倒印在墙上的树影也使人深深地感受到仿佛真正生活在市井生活中，而伴有的清脆的鸟儿的叫声使人仿佛置身于老北京胡同的晨曦之中。界面充分运用了音画分离的手法，只听得见鸟儿清脆的叫声，而不见鸟儿的身影，使人不仅遐想鸟儿是停驻于胡同旁的印入树影的大树的某一角落之上，还是飞翔穿梭在每个胡同之中。

④ 《北京印象》中《揽燕京八景》的界面

多媒体作品《北京印象》二级界面之《揽燕京八景》

图 7-5

《揽燕京八景》版块（见图 7-5）中的八景指的是清代乾隆皇帝钦定的八处景点，这些景点历经数百年自然环境的变化和战火的侵袭早已不复存在或不完整了，这一板块的珍贵之处就在于应用数字虚拟现实技术再现了燕京八景，其中几处已消失的标志性景观则是完全依靠 3D 技术而得以再现的。此外，在"琼岛春阴"部分还应用了一项新的技术，这项技术使景物完全实现了三维虚拟化，从而实现了这一景观的漫游。

这个界面难点在于如何将这八个景致截然不同的景点整合起来，这成为了整个界面设计的大问题。鉴于所有的景观间的不同性，寻找到这八处不同景观的共点是关键所在，那就是树和水，每个景中必有树和水的存在。因此，树和水也就成为了贯穿连接这八个具有不同景致的景点的纽带，借鉴中国画的散点透视的方法，将八景合成到一副国画中，达到以假乱真的效果。画面中摆动的湖水贯穿于整个画面中，又给人一种画中画的美感。

《北京印象》界面的整个框架布局是典型的大一统的框架布局。每个单一界面都具有独立的自我语言，而每界面又具有相同的气质特点，相同的标题处理手法，相同的书法字体，相同的画面表现语言。看似是不相关的事物间却都保持着千丝万缕的联系，不同的表现却寻求的是相同的大感觉，所求的是相似而不是相同（见图 7-6）。

多媒体作品《北京印象》二级界面之《赏中轴异彩揽燕京八景》细节部分

图7-6

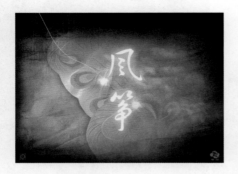

7.2 《风筝》的界面赏析

风筝是由中国人发明的一种将技术与艺术相结合、遍及全世界的民间工艺，至今已有两千多年的历史。自马可·波罗带回欧洲之后，风筝开始传到全世界，在以后的岁月里不断发展，最终形成了各具特色的东西方风筝文化特色。风筝被视为一项重大发明，人们赞誉它为"引起人类飞向太空的遐想"。

多媒体光盘《风筝》主要表现了中国风筝精湛的制作工艺和鲜明的民族艺术魅力，独特的放飞技艺以及人与风筝的密切联系，将知识性、艺术性、科技性相结合，从风筝本身的介绍升华到人们对美好生活的向往，使观众在欣赏中国风筝的同时，更真实地体会到风筝对世界和人类的影响。放风筝成为国际友谊交往和文化体育交流中深受欢迎的媒介。

1　《风筝》主界面分析

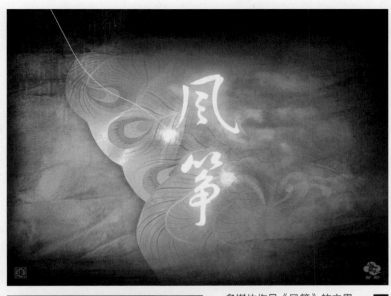

多媒体作品《风筝》的主界

图 7-7

在传统的中国风筝中，"福寿双全"、"龙凤呈祥"、"百蝶闹春"、"鲤鱼跳龙门"、"麻姑献寿"、"百鸟朝凤"等吉祥寓意在风筝上随处可见，这些富有美好寓意的风筝表现着人们对美好生活的向往和憧憬。风筝寄托着人的情感，在《风筝》整个多媒体作品中设计了人与风筝以一根线牵两端，上牵风筝下系人，贯穿整体的寓意。在作品中，从片头动画到界面内容再到片尾界面都始终以一根"风筝线"贯穿整个作品。

界面（见图 7-7）的直观视觉感受是传递给受众印象的首选信息。在界面的设计上，画面色调强烈的视觉感染力很大程度上影响着人的感官感受，决定着受众对作品的兴趣与好感，也影响着下一个动作的执行，是"继续"还是"退出"。为了能够更加契合"一根线，牵两端，上牵风筝下牵人"的主题，为了更准确地表达作品的意境和精神，在整个作品界面的基调上采用了从蓝色到黄色的色调，以表现从天到人的关系。作品中以蓝色的冷调为主调，以表现风筝与天空的自然关系。

作品《风筝》分为"鸢"和"艺"两部分。"鸢"的部分主要是从风筝的文化、历史入手，讲述与它有关的传说，以及彩绘纹样的吉祥寓意等内容。这一部分都是以蓝色的冷色调作为界面的主色调的，以表现出风筝与天空的自然联系。"艺"的部分主要是从风筝的具体制作、放飞原理以及技巧入手，以理性、科学的观点对中国风筝进行介绍。这一部分的界面都以黄色的色调作为界面的主基调，以表现出风筝与人的关系。

整个作品的风格定位都是以传统的中国画为基础，以散点透视、工笔画手法、传统的水墨特色作为整个作品的风格和艺术表现语言。整个界面的底都是模拟宣纸的感觉，位于界面上的各元素的表现也都是水墨润染的表现方式。宣纸的质感给人一种温文尔雅的感觉，不仅能体现出中国人谦逊的中国文化精神，细腻的纸张肌理也能更加衬托出界面设计的精巧和细致。画面中的那片纯粹的蓝色天空，不仅与整个画面融合，又与风筝的形象完美结合在了一起，有一种浑然天成的感觉。浮动于画面之中的那片纯粹的蓝色天空与整个画面形成了画中画、静中动的视觉效果，带给人以无限的遐想，仿佛随着风筝一起遨游在天空之中。作品的标题"风筝"是一个具象的名词，主界面中的主题元素"风筝"和"天空"直指主题，干脆而明确。在画面左上角隐约叠加着的中国汉字体现出更加鲜明的中国文化特征。

界面中，"鸢"和"艺"两大板块的功能按钮也设计成隐藏式，以不断闪烁的动态效果提示功能按钮的所在。这种加有动态性的隐藏式按钮在美化画面的同时增加了交互的趣味性。当鼠标滑过功能按钮时，向上或向下由线牵向两端，从而进入了二级界面，将风筝的"一根线，牵两端，上牵风筝下牵人"作品主题表现得淋漓尽致。

② 《风筝》中《艺》的界面

在二级界面"艺"（见图 7-8）的设计中，标有"主界"字样的功能按钮是以成为界面中的一部分而融合到了整个界面中，形成了一个完整的整体。

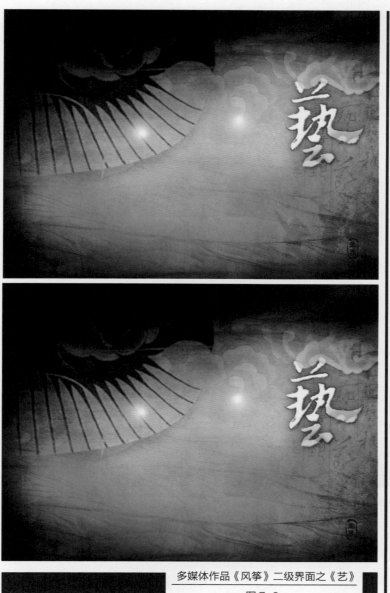

多媒体作品《风筝》二级界面之《艺》

图 7-8

在由一级界面进入二级界面时,最引人注目的是位于界面右下角"主界"文字周围的一群放风筝人的影像。影像与界面画面透明的叠加,使人在隐约之间也能感受到动态的影像。在界面设计原则中,动态的视觉效果比静态的视觉效果更引人注意。在整个界面保持相对静止的状态下,右下角隐约可见的动态影像就成为了整个画面中最容易吸引视线的地方。对于静止状态下的画面,大面积的图形、图像更具有视觉冲击力,占有大面积的图形、图像会成为视觉关注的首选。右下角动态的面积比功能按钮的大,也就成为了整个画面最先关注的地方。当影像播放完成后最终消失在画面中的时候,视线都会随着动态影像的消失而注意到位于右下角融入界面中"主界"的功能按钮,这也是动态效果引导了视觉流程完成的整个过程。"艺"界面中仿旧的宣纸的艺术效果不仅彰显出中国传统文化深厚的积淀,也充分体现出了"风筝"这一精湛的制作工艺的久远历史。

③ 《风筝》的《原理》界面

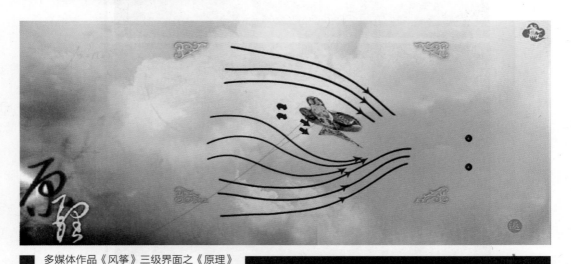

多媒体作品《风筝》三级界面之《原理》

图 7-9

第三级界面《原理》(见图 7-9)部分讲述的是风筝的放飞原理,因此整个界面以蓝色的冷色调作为整个界面的主基调。这一界面主要通过视频演示的方式来说明风筝的放飞原理，音频解说更增加了理解性。整个画面以蓝色天空作为背景，深浅变化的标题文字又拉出了空间的前后关系。位于界面中间透明背景的视频与整个界面的画面完整地融合在了一起，与整个界面形成了一个完整的整体。但是，与整个画面融合在一起的视频又容易在某一帧静止时视线会无所适从，不知道下一个动态效果会在什么地方出现。没有边界框的视频会使视觉感到有一种不确定性。这个界面将在透明背景的视频的四角加以小巧的四角边框，以明确出视频影像出现的区域位置，给予受众心理的确定性。动态影像是视觉关注的首选，动态视频两边的两大区域相同，这样的安排方式不会造成视线的分散，视觉的中心会集中在位于界面中心的动态的影像上。加有小巧的四角边框，不仅将视频的区域明确，而且保证了整个视频与画面的融合，在保留艺术性的同时也保证了使用的功能性。

4 《风筝》中《扎》的界面

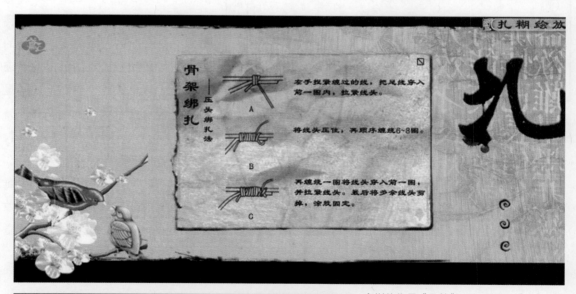

多媒体作品《风筝》三级界面之《扎》

图 7-10

在制作工艺"扎"的部分的界面 (见图 7-10)，整个画面以工笔画的手法做为设计的表现方法，画面中左下角部分伸出来的梅花树枝打破了整个画面中规中矩的框架布局，使得整个画面更加地灵活。

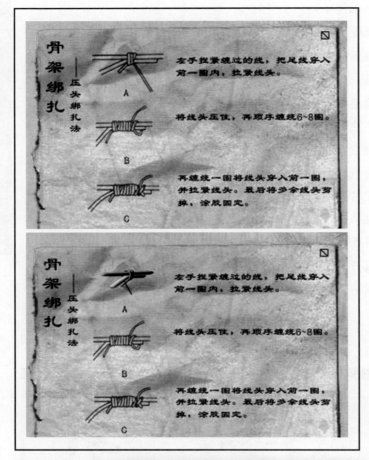

图 7-11
图 7-12

在讲述"骨架绑扎"的部分（见图 7-11 和图 7-12），除了绑扎技法的图片和文字介绍外，还针对绑扎的不同方法进行了三维 360 度的展示。"骨架绑扎"的设计将内容置放在一张新的宣纸之上，上面的宣纸的纹理和折压过的纸折的痕迹更清晰。可见，整个界面就如同是一本已经流传了久远的古书一般，受众在观看"骨架绑扎"方法的同时，也就如同在阅读一本经历了几千年风雨流传下来的记载着先人智慧的手记。这里不仅还原了传统，而且运用了新的三维技术，将原本需要想象的二维画面形象化、具体化，给人以更直观的理解和讲述。三维 360 度的展示效果将原本单调乏味的事物转变为了新鲜而又趣味的事，丰富了界面的视觉表现的语言。

5 《风筝》界面间的关系

从主界到二级界面"鸢"和"艺"的界面跳转表现的是风筝与人的关系，色调也由蓝色转向黄色。主界中闪动的两个圆点的二级界面的按钮，当鼠标滑过时，出现的向上牵连的风筝线连向了二级界面。单击按钮时，由主界向二级界面跳转的转场是通过这一小小的风筝线完成的，画面随着线的向上延伸的动画，引带出来了"鸢"的二级界面。而该二级界面的设计本身也蕴含着从主界向二级的延伸。"鸢"右下角风筝露出的部分头部和"艺"中左上角中露出的风筝的右下部，都指向从主界向上向下的两个二级界面的方向性。"鸢"中柔和的蓝色调和"艺"中温和的黄色调形成了强烈的呼应，"鸢"中的风筝和"艺"中的手中牵着长线的人又形成了鲜明的对照。这些都将"鸢"、"风筝"和"艺"这三个界面紧紧地连接在了一起，形成一个完整的风筝与人的关系，见图 7-13、图 7-14、图 7-15 和图 7-16。

多媒体作品《风筝》二级界面之《鸢》

图 7-13

多媒体作品《风筝》的主界

图 7-14

多媒体作品《风筝》二级界面之《艺》

图 7-15

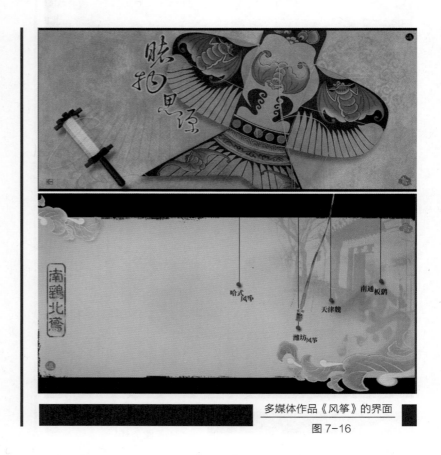

多媒体作品《风筝》的界面

图 7-16

7.3 《同一片蓝天》的界面赏析

多媒体作品《同一片蓝天》创作于
2008 年北京奥运会之后，目的是在于对
北京奥运会做一个总的总结和宣传。作
品的主题定为"同一蓝天"，是对 2008
年北京奥运会"同一个世界，同一个梦
想"主题的延伸和浓缩。《同一片蓝天》
是一部知识普及类的作品（见图 7-17）
，创作这部作品的目的是为了让广大群众
以及国外游客更好的了解在北京举办的
第二十九届夏季奥运会。整部作品风格
清新自然，并具有浓厚的中国文化底蕴，
将一个古老而又现代的北京城与奥运会
通过多媒体作品联系起来，以展现出中
国文化精神与奥运精神的"和谐"统一。

1 《同一片蓝天》的主界面

多媒体作品《同一片蓝天》的主界面

图 7-17

2 《同一片蓝天》之《情》的界面

　　在《情》二级界面（见图 7-18）中，左、中、右三大部分的恰当的虚实处理，使得画面更加鲜活且更具纵深感，使用户的感觉体验是在三维立体空间中，而不是在单调的平面二维空间中。由于人的视觉中心最先集中于画面的中心，画面的中心是视觉注目的首选区，视线再按照从左向右的顺序移动。画面按照视觉的顺序性设计了虚实相生的荷花、明月、舞者、飞燕等视觉元素，以显现画面的空间感。

多媒体作品《同一片蓝天》二级界面之《情》

图 7-18

在视觉效果的处理上，位于中间位置的是由一个舞蹈者和一轮明月组成的，作者在视觉效果处理上用了虚化、弱化元素形象的手法，虚化和弱化的处理手法使得受众在欣赏画面时感觉舞蹈者和明月的形象离我们的距离更遥远。在此，创作者巧妙地使用了中国传统的吉祥元素，组成了一条波浪线，由远及近、由虚到实、由小到大，受众感觉这条波浪线是从画面中间的明月中飞出而来的，画面的立体感变得更饱满，景深也很到位了。由于视觉习惯的惯性，视线从左到右的顺序，这条由远及近的波浪线把人们的视线一下拉到了画面的右边，并恰到好处地引出这个界面的主题"情"字，由带有方向性的图像引导了视觉流程的顺序。相较于整个画面，中间和右边的形象都是较虚化和单薄的，需要有实体的东西来对比，以加强整个画面的对比和气势，因此在左边做了几朵实体的荷花，使画面不会觉得太虚、太空洞。而荷花形象本身也用颜色浓淡、色相对比、虚实结合等手法，荷花跃然纸上，立体感强烈，带给人们一种很新鲜很活泼的感觉，见图7-18。

 《北京天桥文化》的界面赏析

多媒体作品《北京天桥文化》（见图7-19）以北京皇家文化、士人与市井文化为背景，以天桥历史文化风情展现为重点，以体现北京天桥文化的精华艺术品位与文化价值。整个作品以绘画再现天桥热闹的场景以及丰富的历史蕴涵，以动画细致地刻画了天桥活灵活现的艺人，并以交互的技术方式体验天桥艺人令人叹为观止的绝技。

多媒体作品《北京天桥文化》的主界面

图7-19

1 《天桥》界面空间的塑造

整个作品都是以手绘的方式完成，作品在二维的基础上并加以三维方式，丰富了画面的艺术语言。二级界面《奔天桥市场》（见图7-20）是天桥市场繁华的景象，除了"北京天桥文化"几个主标题的题目外，没有更细化的二级标题，整个版块给人一种沉浸式的体验方式。

位于画面左边的导航部分，不仅具有清晰的导航指示作用，而且指明了方向，并且可以随着滑竿从北向南纵深整个市场，通过交互方式，人如同置身在整个天桥繁荣的市场中，从"拉洋片"到"蔬菜水果"都是以纵深的方式向里延伸。与一般的动画方式不同的是，动画方式不是常见的横向的移动而是纵向的延伸。传统中国绘画的手法与西方镜头语言的结合，展现了新颖的艺术效果。画面中两边向外扩张的两端的短弧线使得整个界面的空间有

一种向外张的感觉，再加上上下两个相对的弧形线，左右对称加深了空间的深度，使得原本二维产生的虚幻空间更加宽广和深远。

图 7-21 为多媒体作品《北京天桥文化》的界面。

多媒体作品《北京天桥文化》二级界面之《奔天桥市场》

图 7-20

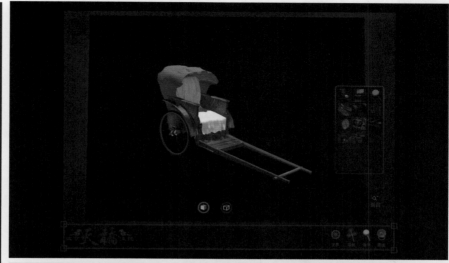

多媒体作品《北京天桥文化》的界面

图 7-21

 7.5 《畅游动漫岛》的界面赏析

　　《畅游动画岛》是一部面向儿童的知识普及类的作品（见图 7-22），其目的是为了向儿童介绍中国的动画片艺术的历史和形式。由于作品的受众是 6 至 12 岁的儿童，因此在主题的定位、内容的易读性以及趣味性、界面的易操作性和易理解性等方面，都要考虑到儿童的认知能力、学习能力、接受能力和理解能力。创作者从儿童的角度出发，设计的方方面面都贴切地考虑到了这个年龄阶段儿童的各种能力和经历，并且将各种多媒体技术结合起来，带给儿童用户一种愉悦的体验感。作品的主题鲜明、定位准确，表现形式丰富多样，寓教于乐，是一件非常好的面向儿童受众的多媒体作品。

多媒体作品《畅游动漫岛》的主界面

图 7-22

1 《畅游动画岛》界面的色彩

在色彩的选择以及搭配上，创作者选用了饱和度高和对比度高的颜色。由于儿童的色彩识别能力和审美能力还处于基本发展阶段，所以大部分儿童喜欢色彩鲜艳、饱和度高的颜色。与成人不同的是，儿童喜欢一个画面内有多种色相对比强烈的色彩。由于这种对比强烈的色彩搭配对儿童更具吸引力，因此更能提起儿童浏览的积极性。在整个界面上，创作者运用了大量的卡通形象，作品的主角就是一个动态的卡通儿童的形象，这个形象身着唐装，头大且十分可爱，带领儿童参观体验动漫岛。对于这个在整部多媒体作品中起到重要引导作用的儿童形象来说，创作者并没有做过多的细节描绘，这是由于儿童的视觉习惯容易接受和记忆简单、卡通、特点鲜明的造型，如果描绘得过于细致写实，无异于加大了儿童接受的难度，并降低了儿童对于形象的记忆力。而且，相对于现实图像，儿童在区别和记忆的能力上更倾向于造型简单、色彩鲜艳的卡通图像。从儿童心理学角度而言，儿童对于运动的、动态的事物比相对静止的事物更加感兴趣。《畅游动画岛》这部作品（见图7-23、图7-24和图7-25）不同于其他类型的多媒体作品，主要由动画完成，也是基于儿童更加喜欢运动事物的这样一个特征。

在其他多媒体作品中，界面主要以静态为主，动态效果作为点缀，给用户一种新鲜感和空间感，而这部作品动成为整个作品的特色，也正是迎合了儿童喜爱动态的、运动的事物的喜好。在右下角的音量的设计上，创作者用喇叭花作为音量的调节按钮。喇叭花的形象生动地契合了音量大小的变化，就像一个小喇嘛在不停地吹奏出悦耳的音乐。喇叭花的设计不仅符合儿童对可爱的卡通形象的喜爱，也将功能性与艺术性结合在了一起，在实现艺术性的同时很好地完成了功能性的要求。

多媒体作品《畅游动漫岛》的主界面

图7-23

多媒体作品《畅游动漫岛》的导航界面

图 7-24

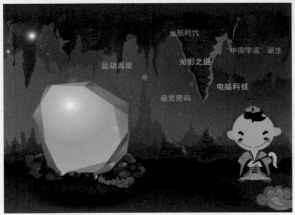

多媒体作品《畅游动漫岛》的界面

图 7-25

7.6 《游在北京》的界面赏析

多媒体作品《游在北京城》(见图 7-26) 主要围绕"游"字展开,既有最具文化底蕴的传统古都介绍,又有极富现代气息和时尚文化特色的景点展示,内容丰富,古今结合,在饱满的文化内涵基调上做到了不失现代感的多媒体语言表现,兼具艺术性和实用性。

多媒体作品《游在北京》的界面

图 7-26

　　界面的两边进行了虚化处理，使得界面有一种镜头的景深感。越模糊，距离越远，处于模糊状态后面具体的实体建筑衬托得作品主题越发突出（见图 7-27 和图 7-28）。

多媒体作品《游在北京》的界面

图 7-27

多媒体作品《游在北京》的界面

图 7-28